現場で使える！

Python
パイソン

深層強化学習入門

強化学習と深層学習による探索と制御

伊藤 多一、今津 義充、須藤 広大、仁ノ平 将人、
川崎 悠介、酒井 裕企、魏 崇哲＿＿著

JN227969

SE
SHOEISHA

AI
AI TECHNOLOGY

本書内容に関するお問い合わせについて

このたびは翔泳社の書籍をお買い上げいただき、誠にありがとうございます。
弊社では、読者の皆様からのお問い合わせに適切に対応させていただくため、以下のガイドラインへのご協力をお願いいたしております。
下記項目をお読みいただき、手順にしたがってお問い合わせください。

●ご質問される前に

弊社Webサイトの「正誤表」をご参照ください。これまでに判明した正誤や追加情報を掲載しています。

正誤表　https://www.shoeisha.co.jp/book/errata/

●ご質問方法

弊社 Web サイトの「刊行物Q&A」をご利用ください。

刊行物 Q&A　https://www.shoeisha.co.jp/book/qa/

インターネットをご利用でない場合は、FAXまたは郵便にて、下記翔泳社愛読者サービスセンターまでお問い合わせください。電話でのご質問は、お受けしておりません。

●回答について

回答は、ご質問いただいた手段によってご返事申し上げます。ご質問の内容によっては、回答に数日ないしはそれ以上の期間を要する場合があります。

●ご質問に際してのご注意

本書の対象を越えるもの、記述箇所を特定されないもの、また読者固有の環境に起因するご質問等にはお答えできませんので、予めご了承ください。

●郵便物送付先および FAX 番号

送付先住所　　〒160-0006　東京都新宿区舟町5
FAX 番号　　　03-5362-3818
宛先　　　　　㈱翔泳社 愛読者サービスセンター

※本書に記載されたURL等は予告なく変更される場合があります。
※本書の対象に関する詳細はivページをご参照ください。
※本書の出版にあたっては正確な記述につとめましたが、著者や出版社などのいずれも、本書の内容に対して何らかの保証をするものではなく、内容やサンプルに基づくいかなる運用結果に関してもいっさいの責任を負いません。
※本書に掲載されているサンプルプログラムやスクリプト、および実行結果を記した画面イメージなどは、特定の設定に基づいた環境にて再現される一例です。
※本書に記載されている会社名、製品名はそれぞれ各社の商標および登録商標です。
※本書の内容は、2019年7月執筆時点のものです。

PREFACE　はじめに

　2016年、Google DeepMindによるAlphaGoが囲碁でプロ棋士を打破したというニュースは、衝撃とともに世界中に拡がりました。その打ち手のパターン数が膨大であることから、人間には遠く及ばないだろうと考えられていた囲碁ゲームにおいても、機械学習ベースの人工知能が人間を凌駕し得ることを示した事件でした。このAlphaGoを支えている技術が、深層強化学習に他なりません。本書では、近年、大きな注目を集めるに至った深層強化学習のアルゴリズムを基礎から解説し、具体的な問題への適用について実装例を示しながら紹介します。

　本書は大きく分けて**2部**構成になっています。まず、**第1部**（基礎編）では、深層強化学習の基礎となるアルゴリズムを解説し、簡単な事例（倒立振子制御）について実装例と検証結果を紹介します。特に、**第2章**で強化学習のアルゴリズムを解説する際には、数式を使わないことによる不明瞭さや不正確さを避けるため、むしろ数式を積極的に用いて解説を行っています。ただし、数式の中でもとりわけ重要なベルマン方程式については、その意味を正確に理解していただけるよう、バックアップ木など図との対応を明確にしつつ丁寧な説明を心掛けました。

　第2部（応用編）では、**第1部**で解説されたアルゴリズムを具体的な課題に適用します。特に強化学習の数ある手法の中でも幅広い応用が期待される方策ベースの手法を取り上げ、制御を担うエージェントの実装と学習について詳しく解説しています。**第5章**では、連続制御問題としてヒューマノイド・シミュレータの歩行制御について実装例を紹介します。**第6章**では、組合せ最適化問題への適用として、巡回セールスマン問題とルービックキューブの解法について実装例を紹介します。**第7章**では、系列データ生成の試みとして、SeqGANによる文章生成とニューラルネットワークの構造探索について実装例をもとに解説します。

　本書では、PythonとTensorFlowを用いて実装を行っています。物理シミュレータとしては、OpenAI Gymおよびpybullet-gymを利用し、**第6章**のルービックキューブについてはシミュレータも自前で実装しています。本書のコンテンツとして実装したコードは、翔泳社のダウンロードサイトから取得できます。ぜひ、コードをダウンロードして、実際にコードを動かしながら読み進めていただければ幸いです。

本書は、深層強化学習のアルゴリズムを基礎から学びたい学生・研究者、深層強化学習を実装してみたいエンジニアの方を対象としています。アルゴリズムを理解したい方は、**第1部**だけを読んでも完結する内容になっています。一方、すぐに実装に取り掛かりたいエンジニアの方や数式が苦手という方は、**第1部の第1章**を読んで深層強化学習の概要を把握していただいたら、**第2章**、**第3章**をスキップして**第4章**以降を読んでいただいても構いません。各章で使われているアルゴリズムの詳細が知りたくなったら、都度、**第2章**、**第3章**を振り返って読んでいただくのがよいかと思います。

　最後に、本書の執筆にあたってご協力いただいた皆様に感謝いたします。ブレインパッド社の太田満久氏、山崎裕一氏には、草稿を読んでいただき解説内容や全体構成について貴重なご意見をいただきました。同社の茂木亮祐氏、栗原理央氏には、それぞれデータサイエンティスト、機械学習エンジニアの立場から草稿を読んでいただき、説明に飛躍がある箇所やわかりにくい記述について有益なご意見をいただきました。同社の鈴木政臣氏、平木悠太氏には、エンジニアの立場から各章のPythonコードの不備や改良点について貴重なご意見をいただきました。皆様からの貴重なご意見に対して、この場を借りて厚くお礼申し上げます。

2019年7月吉日

著者一同

本書の対象読者と必要な事前知識

本書は、深層強化学習のアルゴリズムを基礎から学びたい理工学生・研究者、深層強化学習を実装をしてみたいエンジニアの方を対象としています。大学学部レベルの数式を用いてはいますが、その意味を理解できるように説明しています。高校レベルの数学と基本的な統計の知識があれば、読み進めることができます。

本書の構成

基礎編では、深層強化学習の概要を俯瞰したのち、強化学習と深層学習の基礎について学びます。Pythonによる動的計画法の簡単な実装例や、TensorFlowとKerasによるニューラルネットワークの簡単な実装例についても学びます。また、OpenAI Gymの使い方とそれを使った深層強化学習の実装法についても学びます。

応用編では方策ベースの強化学習で重要となるエージェントの実装法について学びます。具体的には、実用的な3つの課題を取り上げます。最初に、pybullet-gymを使ったヒューマノイド制御の実装法を学びます。次に、組合せ最適化問題の解空間を探索するエージェントの実装法について学びます。特にルービックキューブ問題の解探索ではモンテカルロ木探索の実装法も学びます。最後に、文書や記号列など系列データの構造を探索するエージェントの実装法を学びます。

本書のサンプルの動作環境

本書の各章のサンプルは以下の環境で、問題なく動作することを確認しています。ただし、**第2部のサンプルのうち7.2節のサンプル**を実行するにはGPUが必須です。また、**第5章のサンプル**は、学習が完了するのに12時間以上を要します。GPUを必要とする場合は、Colaboratory環境をご使用ください。Colaboratoryは連続して使用できる時間が12時間という制限があります。学習に12時間以上を要する場合は、ローカルPC上にDocker環境を構築して実行してください。

> なお、本文中に［コードセル］として記載されているコマンドは、ColaboratoryまたはDocker環境で起動したJupyter Notebookファイル（demo.ipynb）上のコードセルに記載されています。こちらのコードセルを実行してください。

● ローカル PC（Docker環境構築用）

項目	内容
OS	Windows10 Pro
CPU	Intel Core i5-7200U 2.50GHz 2.70GHz
メモリ	8GB
GPU	なし
Python	3.6　※Dockerファイルで指定済み
TensorFlow	1.13.1　※Dockerファイルで指定済み

● Colaboratory
紹介ページ
URL　https://colab.research.google.com/notebooks/welcome.ipynb?hl=ja#scrollTo=lSrWNr3MuFUS

INTRODUCTION　本書のサンプルプログラム

　本書で使用するサンプルプログラムは、下記のサイトから取得できます。ダウンロードしてお使いください。Docker環境構築に必要なファイルも含まれています。環境構築の詳細については本書の**付録AP2**を参照してください。

● サンプルプログラムのダウンロードサイト
URL　https://www.shoeisha.co.jp/book/download/9784798159928

　Colaboratory環境を使用する場合、Googleアカウントが必要です。ご自身のGoogleアカウントにログインしてから下記サイトを開いてください。開いたページのコピーをご自身のGoogleドライブ上にコピーしてお使いください。詳細は本書の**付録AP1**を参照してください。

● Colaboratory環境
URL　https://colab.research.google.com/github/drlbook-jp/drlbook/blob/master/drlbook_examples.ipynb

　Docker環境を使用する場合、ダウンロードサイトからRL_Book.zipという名前の圧縮ファイルをダウンロードして、ローカルPCのHOME直下に解凍して置いてください。フォルダの内容は 図0.1 の通りです。

```
RL_Book/
├── contents  #各章のサンプルプログラム（Python）
│       ├── 2_dp_officeworker    #第2章  会社員のMDP
│       ├── 3_keras_example      #第3章  MLP, CNN, RNN, LSTMのKeras実装
│       ├── 4-2_dqn_pendulum     #第4章  DQNによる倒立振子制御
│       ├── 4-3_ac_pendulum      #第4章  Actor-Critic法による倒立振子制御
│       ├── 5_walker2d           #第5章  ヒューマノイドの2足歩行
│       ├── 6-2_tsp              #第6章  巡回セールスマン問題
│       ├── 6-3_rubiks_cube      #第6章  ルービックキューブ解法
│       ├── 7-1_seqgan           #第7章  文書生成
│       └── 7-2_enas             #第7章  ニューラルアーキテクチャ探索
├── docker  #Docker環境構築用の設定ファイル
│       ├── Dockerfile
│       └── requirements.txt
├── README.md
├── run_docker.sh  #Docker環境を起動する実行ファイル
└── demo.ipynb #Docker環境でサンプルを実行するノートブック
```

図0.1 フォルダの内容

　Docker環境でサンプルプログラムを実行する場合は、各章のサンプルプログラムを収めたサブフォルダに移動して、train.pyなどの実行用Pythonコードをコマンドラインから実行してください（詳細は**付録AP2**を参照）。

● 付属データのご案内

　付属データ（本書記載のサンプルコード）は、前述の「サンプルプログラムのダウンロードサイト」からダウンロードできます。

● 注意

　付属データに関する権利は著者および株式会社翔泳社が所有しています。許可なく配布したり、Webサイトに転載したりすることはできません。
　付属データの提供は予告なく終了することがあります。予めご了承ください。

● 会員特典データのご案内

会員特典データは、以下のサイトからダウンロードして入手いただけます。

● 会員特典データのダウンロードサイト

URL　https://www.shoeisha.co.jp/book/present/9784798159928

● 注意

会員特典データをダウンロードするには、SHOEISHA iD（翔泳社が運営する無料の会員制度）への会員登録が必要です。詳しくは、Webサイトをご覧ください。

会員特典データに関する権利は著者および株式会社翔泳社が所有しています。許可なく配布したり、Webサイトに転載したりすることはできません。

会員特典データの提供は予告なく終了することがあります。予めご了承ください。

● 免責事項

付属データおよび会員特典データの記載内容は、2019年7月現在の法令等に基づいています。

付属データおよび会員特典データに記載されたURL等は予告なく変更される場合があります。

付属データおよび会員特典データの提供にあたっては正確な記述につとめましたが、著者や出版社などのいずれも、その内容に対して何らかの保証をするものではなく、内容やサンプルに基づくいかなる運用結果に関してもいっさいの責任を負いません。

付属データおよび会員特典データに記載されている会社名、製品名はそれぞれ各社の商標および登録商標です。

● 著作権等について

付属データおよび会員特典データの著作権は、著者および株式会社翔泳社が所有しています。個人で使用する以外に利用することはできません。許可なくネットワークを通じて配布を行うこともできません。個人的に使用する場合は、ソースコードの改変や流用は自由です。商用利用に関しては、株式会社翔泳社へご一報ください。

2019年7月

株式会社翔泳社　編集部

CONTENTS

はじめに iii

本書の対象読者と必要な事前知識 v

本書の構成 v

本書のサンプルの動作環境 v

本書のサンプルプログラム vi

Part 1
基礎編

CHAPTER 1　強化学習の有用性 003

1.1 機械学習の分類 004
　1.1.1 教師あり学習 005
　1.1.2 教師なし学習 006
　1.1.3 強化学習 008

1.2 強化学習でできること 010

1.3 深層強化学習とは 015

CHAPTER 2　強化学習のアルゴリズム 019

2.1 強化学習の基本概念 020
　2.1.1 強化学習の問題設定 020
　2.1.2 強化学習の仕組み 021
　2.1.3 本章で解説する内容 022

2.2 マルコフ決定過程とベルマン方程式 ... 024
　2.2.1 マルコフ決定過程 024
　2.2.2 ベルマン方程式 029

2.3 ベルマン方程式の解法 034
　2.3.1 動的計画法 034
　2.3.2 モンテカルロ法 043
　2.3.3 TD学習 045

2.4 モデルフリーな制御 _____ 052

2.4.1 方策改善へのアプローチ _____ 052
2.4.2 価値ベースの手法 _____ 052
2.4.3 方策ベースの手法 _____ 060
2.4.4 Actor-Critic法 _____ 068

CHAPTER 3 深層学習による特徴抽出 _____ 077

3.1 深層学習 _____ 078

3.1.1 深層学習の登場と背景 _____ 078
3.1.2 深層学習とは _____ 079
3.1.3 深層学習フレームワーク（TensorFlowとKeras） ___ 087

3.2 畳み込みニューラルネットワーク（CNN） _____ 094

3.2.1 CNNとは _____ 094
3.2.2 CNNの応用 _____ 099

3.3 再帰型ニューラルネットワーク（RNN） _____ 103

3.3.1 RNNとは _____ 103
3.3.2 LSTMとは _____ 109
3.3.3 RNNの応用 _____ 112

CHAPTER 4 深層強化学習の実装 _____ 117

4.1 深層強化学習の発展 _____ 118

4.1.1 Deep Q Network（DQN）の登場 _____ 118
4.1.2 強化学習で利用するシミュレータ（OpenAI Gym）__ 118

4.2 行動価値関数のネットワーク表現 _____ 122

4.2.1 DQNアルゴリズム _____ 122
4.2.2 Deep Q Network（DQN）アルゴリズムの実装 ___ 126
4.2.3 学習結果 _____ 135

4.3 方策関数のネットワーク表現 _____ 137

4.3.1 Actorの実装 _____ 137
4.3.2 Criticの実装 _____ 138

4.3.3	サンプルコードの解説	138
4.3.4	学習結果	147

Part 2

応用編

CHAPTER 5　連続制御問題への応用　153

5.1 方策勾配法による連続制御　154

5.1.1 連続制御（Continuous control）　154

5.1.2 方策勾配法による学習　155

5.2 学習アルゴリズムと方策モデル　158

5.2.1 アルゴリズムの全体像　158

5.2.2 REINFORCE アルゴリズム　159

5.2.3 ベースラインの導入　160

5.2.4 ガウスモデルによる確率的方策　161

5.3 連続動作シミュレータ　163

5.3.1 pybullet-gym　163

5.3.2 Walker2D　165

5.4 アルゴリズムの実装　169

5.4.1 実装の全体構成　169

5.4.2 train.py　170

5.4.3 policy_estimator.py　172

5.4.4 value_estimator.py　177

5.5 学習結果と予測制御　179

5.5.1 学習結果　179

5.5.2 予測制御の結果　181

5.5.3 他の環境モデルへの適用　182

5.5.4 まとめ　185

CHAPTER 6　組合せ最適化への応用　189

6.1 組合せ最適化への応用について　190

6.1.1 組合せ最適化について　190

6.2 巡回セールスマン問題　193

6.2.1 巡回セールスマン問題を強化学習で解く_____193

6.2.2 実装概要_____195

6.2.3 実行結果_____205

6.2.4 今後の発展可能性_____208

6.3 ルービックキューブ問題_____210

6.3.1 ルービックキューブ問題を強化学習で解く_____210

6.3.2 実装概要_____214

6.3.3 実行結果_____226

6.3.4 AC + MCTSアルゴリズムによる推定結果_____229

6.3.5 今後の発展可能性_____234

6.4 まとめ_____236

CHAPTER 7 系列データ生成への応用 ___237

7.1 SeqGANによる文章生成_____238

7.1.1 GAN_____238

7.1.2 SeqGAN_____240

7.1.3 入力データ_____242

7.1.4 使用するアルゴリズムとその実装_____244

7.1.5 実施結果_____254

7.1.6 まとめ_____257

7.2 ネットワークアーキテクチャの探索_____258

7.2.1 ニューラルアーキテクチャ探索
（Neural Architecture Search）_____258

7.2.2 セマンティックセグメンテーション
（Semantic Segmentation）_____259

7.2.3 U-Net_____260

7.2.4 ファイル構成_____262

7.2.5 入力データ_____262

7.2.6 使用するアルゴリズム_____265

7.2.7 実施結果_____277

7.2.8 結論_____279

APPENDIX 開発環境の構築 281

AP1 ColaboratoryによるGPUの環境構築 282

AP1.1 Colaboratoryとは 282
AP1.2 Colaboratoryの簡単な使い方 282

AP2 DockerによるWindowsでの環境構築 287

AP2.1 はじめに 287
AP2.2 Dockerのインストール 287
AP2.3 Dockerイメージの作成 294
AP2.4 コンテナの起動 298
AP2.5 コンテンツの動作確認 302

参考文献 306

INDEX 308

著者プロフィール 313

Part 1
基礎編

第1部では、強化学習と深層学習、および深層強化学習の基礎的な内容を解説します。

CHAPTER 1	強化学習の有用性
CHAPTER 2	強化学習のアルゴリズム
CHAPTER 3	深層学習による特徴抽出
CHAPTER 4	深層強化学習の実装

CHAPTER 1

強化学習の有用性

本章では、強化学習のアルゴリズムを理解するための前段として、機械学習の概要について説明します。さらに、機械学習において強化学習が他の学習法と本質的に異なる点を明らかにしつつ、その有用性について解説します。最後の節では、深層学習が強化学習において果たす役割について考察します。

Part 1_基礎編　　Part 2_応用編

1.1 機械学習の分類

> 昨今の人工知能の目覚ましい発展を支えている基礎技術は、深層学習や強化学習に代表される機械学習であると言えます。本節では、機械学習を構成する3つの手法、すなわち、教師あり学習、教師なし学習、強化学習の概要について説明します。

　近年、人工知能あるいはAI（Artificial Intelligence）という言葉をよく耳にします。人工知能と聞くとSF映画に現れて人類と敵対する、いわゆる「強いAI」を思い浮かべる人が多いでしょう。スタンリー・キューブリックによるSF映画の古典的名作『2001年宇宙の旅』[1]には、HAL 9000という人工知能が登場します。この人工知能は、人間と同様に何でもこなす汎用型人工知能です。映画では、木星に向かう宇宙船ディスカバリー号の運航、乗務員の健康状態の維持管理、食事の世話はもちろん、乗務員の話し相手になったり、チェスの相手もしています。

　2001年から18年が過ぎた2019年現在、HAL 9000のような汎用型人工知能の開発はまだ発展途上ですが、様々なタスクに特化した人工知能の発展には目覚ましいものがあります。自動運転技術は、実用化されつつありますし、深層学習による画像認識は既に人間の認識精度を超えています。機械翻訳や対話ボットの精度も深層学習の適用により著しく向上しました。HAL 9000は、乗務員のチェスの相手もできますが、Google DeepMindによるAlphaGoは、囲碁で人間のプロ棋士に勝てるまでになりました。AlphaGoがここまで強くなれたのは、深層学習による棋譜の理解に加えて、深層ネットワーク同士を対戦させながら強化学習して鍛えたことによるものです。

　今日、人工知能と呼ばれているものを支えている基礎技術は、機械学習と言ってよいでしょう。機械学習は、大量なデータ間の統計的関係性を学習した結果をもとに、予測や分類といった問題に取り組むアプローチです。機械学習では、データ間の統計的関係性をモデルとして定式化して、そのパラメータを訓練用データを学習することにより推定します。したがって、モデルの信頼性を保証す

※1 『2001年宇宙の旅』 原題：2001: A Space Odyssey、監督：スタンリー・キューブリック
　　脚本：スタンリー・キューブリック、アーサー・C・クラーク、公開年：1968年、製作国：イギリス・アメリカ

るには大量のデータが必要となります。近年、計算機性能が飛躍的に向上した結果、大量データを短時間で処理することが可能となり、深層学習を含む機械学習の性能が著しく向上しました。

機械学習の手法は、大きく3種類に分類できます。「**教師あり学習**」「**教師なし学習**」「**強化学習**」の3種類です。本書のテーマである「**強化学習**」の説明に進む前に、これらの3つの手法について簡単に説明します。

> **MEMO 1.1**
>
> ### 強いAIと弱いAI
>
> 　強いAIと弱いAIという概念は、アメリカの哲学者J.R.サール（John Rogers Searle）により提唱された概念です[※2]。J.R.サールは、人工知能が自意識を獲得できるかという問いを考察し、人間のように自我や自意識を持つ人工知能を強いAI（strong AI）、人間と同程度かそれ以上の知的処理を行えるが、自我や自意識を持たない人工知能を弱いAI（weak AI）と呼んで区別しました。
>
> 　近年の深層学習の発展は、人間による設計を介さずに画像から特徴量を抽出できるなど、弱いAIとしての人工知能に飛躍的な発展をもたらしました。さらに、深層学習による認知と強化学習による制御を組合せた深層強化学習は、一見して人間の自律的な知的活動を再現しているようにも見えます。しかし、こうした人工知能は、人間が考えたアルゴリズムにしたがって推論と制御を行っているに過ぎません。強いAIの登場を危惧するのは、時期尚早かもしれません。

1.1.1　教師あり学習

　異なるデータ間の関係性を、一方を入力（説明変数）、他方を出力（目的変数）とする関数関係として記述し、関数出力を観測データ（目的変数）に近づけるように学習する方法です。この場合、関数出力という回答（予測）に対して、観測データ（目的変数）が正解（教師データ）の役割をするので、**教師あり学習（supervised learning）** と言います。

　教師あり学習において目的変数が連続変数の場合、予測関数を推定する学習は回帰分析とも呼ばれます。一方、目的変数がラベルのようなカテゴリカル変数の場合、予測関数は各ラベルが付与される確率であり、その値が最大となるラベルが正解ラベルと一致するように学習します。正解ラベルを予測する学習は判別分

※2　J. Searle, "Minds, Brains and Programs", *The Behavioral and Brain Sciences*, vol. 3. (1980)

析とも呼ばれます（図1.1）。

　いずれの場合も、教師あり学習を行うには、予め説明変数に対して目的変数が教師データとして紐づいていなければなりません。例えば、深層学習で画像識別ネットワークを学習する場合、猫の画像には「ネコ」、犬の画像には「イヌ」というラベルが予め付与されている必要があります。教師あり学習で精度のよい学習結果を得るには、大量のラベル付きデータを必要とします。

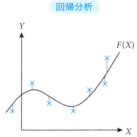
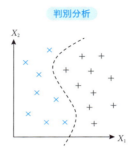

図1.1　教師あり学習

1.1.2　教師なし学習

　教師なし学習（unsupervised learning）とは、異なるデータ間の関係性をデータの分布や変数間の相関関係などデータ構造に基づいて学習する方法です。クラスタリングによるデータ分類や次元圧縮による特徴量抽出などが挙げられます（図1.2）。例えば、Ward法などの階層的クラスタ分析法では、データ点の集合をデータ間距離が小さい2点から順に階層的に統合することで、いくつかのまとまったクラスタに分類します。データ間距離しか使わないので教師データは不要です。次元圧縮の代表的手法である主成分分析では、データ空間を記述する変数軸に回転操作を行って、データ分散が大きい順に、回転後の変数軸を主成分（特徴量）として抽出します。この場合、データの線形変換を行っているだけなので、教師データは必要ありません。

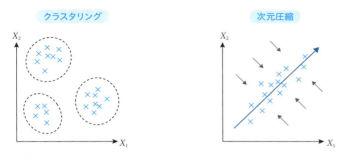

図1.2 教師なし学習

　また、深層学習モデルの1つであるAutoEncoderは、画像などの入力を、ニューラルネットワークを経て中間層に圧縮（encoding）した上で、同様のニューラルネットワークを経て入力画像を復元（decoding）します。復元した画像を、もとの入力画像に近づけるように学習することで中間層を非線形な特徴量として抽出できます（図1.3）。

　AutoEncoderでは、入力画像そのものが教師の役割をしますが、入力以外の教師データを必要としないという意味で教師なし学習と見なすことができます。ちなみに、AutoEncoderは学習に用いた画像群に含まれていない画像的特徴を再現できず異常として検出するので、画像を使った異常検知手法としての応用が考えられます。

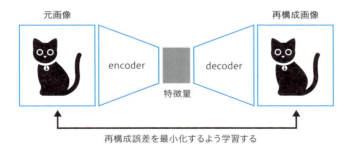

図1.3 AutoEncoder

1.1.3 強化学習

　教師あり学習や教師なし学習は、所与のデータについてデータ間の関係性やデータ構造を学習する手法です。その目的は、観測データを分析して理解することであり、人間の知的行動に当てはめると「認知」に対応します。しかし、自動車の運転のような高度な知的操作を機械学習で代用しようとした場合、認知だけでは十分ではありません。運転免許教習所の技能実習では、自動車の運転は、「認知」「判断」「行動」の3つからなると教わります。機械学習においても「認知」の他に、「判断」「行動」について学習する必要が生じます。

　強化学習（reinforcement learning） とは、端的に言えば、「認知」した状況の下で最適な「行動」を「判断」すること、すなわち「制御」を学習する方法です（ 図1.4 ）。ここで言う「判断」とは、所与の状況（例えば、前方の車に接近したとき）において、最適な行動（ブレーキを踏んで減速する）が何かを判断することを意味しますが、行動が最適かどうかを知るには、その状況における行動の「価値」を知る必要があります。行動の価値は、予め定量的に与えられているわけではないので、試行錯誤を通して獲得するしかありません。このように、強化学習には試行錯誤が不可欠です。

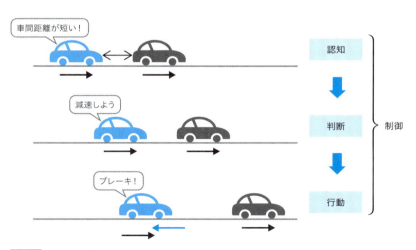

図1.4　制御の仕組み

　ところで、強化学習は、最適な行動を教師と見なせば教師あり学習の設定にも似ています。しかし、学習目的は明確でも正解を定義することが難しいため、教師あり学習を適用しづらい問題が数多くあります。例えば、自動車の運転操作を教師あり学習する場合を考えてみましょう。交差点の手前で信号が黄色に変わっ

たとき、ブレーキを踏んで止まるのが正解でしょうか？　その時点で後続車がなくスピードも出ていなければ、ブレーキを踏むのが正解です。しかし、後続車が迫っていてスピードが出ている場合、ブレーキを踏むことは後続車との衝突を引き起こすので明らかに不正解です。つまり、その時点で何が正解なのかは、周辺状況や走行状態に依存して変わります。

　ある行動（ブレーキを踏むなど）に対して、直接的に正解を定義することが難しい場合でも、行動のもたらす結果に応じて「報酬」を返すことで間接的に評価することはできます。先程の自動車の例では、ブレーキを踏んだ結果、スムーズに停止できれば正の報酬＋1、後続車が衝突したり、急ブレーキをかけるなどスムーズに停止できなければペナルティとして負の報酬−1を与えることでブレーキを踏むという行動を評価できます。このように、行動に対するフィードバックとして報酬を受け取りながら、最適な行動の選び方を学習する方法が、強化学習に他なりません。次節では、強化学習と他の学習法との違いについて、もう少し詳しく見てみましょう。

1.2 強化学習でできること

> ここでは、機械学習における強化学習と他の手法との違いを考察し、強化学習が探索と活用を繰り返しながら環境の制御を学習する手法であることを理解します。

　ここで強化学習の問題設定を整理しましょう。強化学習では「認知」「判断」「行動」を行う主体あるいは仕組みのことをエージェント（agent）と呼びます。自動車の運転で考えると、エージェントは自動車のドライバーに対応します。一方、エージェントが制御しようとする対象のことを、強化学習では環境（environment）と呼びます。自動車およびその周辺を含む系全体が環境に対応。

　自動車の運転では、ドライバーは自動車のスピードメータを見て走行速度を把握し、前方やバックミラーに映る後方を目視することで周辺状況を把握します。これは、エージェントが環境を「認知」することに当たります。その結果、前方を走る車との車間距離が短いと「判断」すれば、減速するという「行動」を起こします。こうして前方車との衝突を回避できれば、環境は正の「報酬」をエージェントに返し、回避できなければペナルティとして負の「報酬」をエージェントに返します。エージェントは、報酬という環境からのフィードバックをもとに行動を起こす判断基準を修正しながら、環境を制御する方法を学習していきます（ 図1.4 ）。

　以上をまとめると、強化学習とは、エージェントが環境との相互作用を通じて情報収集しながら、環境を制御する方法を学習することであると言えます。エージェントは制御器とも呼ばれ、環境の置かれた状態に基づいて行動を選択しながら、環境を制御することを目的とします。一方、ここで言う環境とは、状態とその変化を規定するシステムを意味します。例えば、ロボット制御の場合、ロボットの各部の位置と速度、各関節の角度とその回転速度などが環境を記述します。エージェントは、何らかのアルゴリズムにより適切な操作を選択しながら、ロボットの動きや姿勢を制御するプログラムに対応します（ 図1.5 ）。

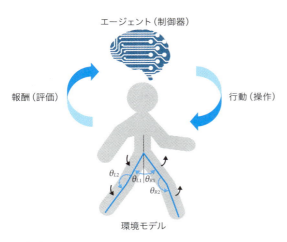

図1.5 強化学習の仕組み

　教師あり学習においても、制御を学習することは可能です。自動車の運転を例に考えてみましょう。教習所で教官がお手本となる運転を見せてくれます。生徒は、その運転法を真似して同じように操作することを学びます。実際、機械学習においても、人間のエキスパートの操作法を真似しながら制御を学習する方法、いわゆる「模倣学習」が盛んに研究されています。

　確かに教師あり学習でも制御を学習することはできますが、その場合、学習結果は教師データに特化しているため、ノイズとして教師データには含まれていない摂動が加えられると、適切な操作を返すことができません。教師あり学習では、教師を模倣することが目的であり、行動を評価することはないので、状況に応じて適切な行動を選択できないのです。

　その点、強化学習では、教師あり学習のように正解が予め用意されていなくても、エージェントの**行動（action）**に対する評価を環境から**報酬（reward）**として受け取ることで、エージェントは自らの行動選択ルールを改善することができます。強化学習では、エージェントの行動選択ルールを**方策（policy）**と呼びます（**図1.6**）。最適な方策を学習して、その方策に基づいてエージェントが環境を制御できるようにすることが強化学習の目的です。

図1.6 方策（policy）による行動決定

　強化学習でできることについて、もう少し見てみましょう。正解がなくても学習できるということは、正解がわからない、あるいは直接的に定義できない場合でも、強化学習なら方策を学習できます。例えば、2足歩行ロボットの制御の場合、長い距離を倒れずに歩くための足の動かし方は複雑で、正解例も歩くときの状況に応じて無限に存在します。このような場合でも、例えば、連続歩行距離（倒れずに歩いた距離）を報酬として与えることで、試行錯誤を何度も繰り返したのちに歩き方を習得できます（**図1.7**）。

　巡回セールスマン問題[※3]のような組合せ最適化問題では、問題の規模が大きくなると可能な経路の数が訪問する都市数の階乗で増えるので正解を見つけること自体が難しくなります。囲碁などのゲームも同様です。この場合、棋譜を正解として教師あり学習で囲碁の手順を学習することはできても、対戦に勝つためには状況に応じて最適な一手を打たねばなりません。自動車の運転においても、状況に応じて対応の仕方は一通りではありません。このように解の空間が広すぎて実際上は正解がわからない状況においても、強化学習では観測された報酬系列から行動の将来価値を評価しながら、方策を改善できます。

※3　巡回セールスマン問題の強化学習による解法については、本書の**第6章**で解説します。

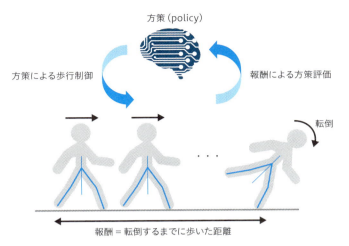

図1.7 報酬による方策評価

　さらに、強化学習のもう1つの特徴として、**探索**による情報収集と**活用**による最適化をバランスよく織り交ぜながら学習していきます。つまり、環境についての知識がなくても探索と活用を繰り返しながら最適な方策を学習できるのです。このように、環境モデルの知識を前提としない学習法を**モデルフリー（model-free）**な学習と呼びます。

　図1.8は、モデルフリーな学習を絵で表したものです。環境モデルは未知なので、中身のわからない箱（ブラックボックス）として表されています。エージェントは環境モデルから情報を得るために、箱をハンマーで叩くという行動を試みます。その結果、箱からコインが何枚か出てきました。これは、環境モデルが行動に応じて報酬を返すことを意味します。このように、エージェントはハンマーで箱のいろんな場所を叩いて箱の反応を見ながら探索を重ねていき、どこを叩けば収益が最大となるかを学習していきます。

　このように強化学習では、モデルフリーな状況でも様々な行動を試しながら探索を重ねていき、最適な行動を選ぶための方策を学習していきます。強化学習により、モデルフリーな制御を実現できるのです（**2.3節**参照）。

　最適化アルゴリズムとしては、強化学習の他にも遺伝アルゴリズムなどのメタヒューリスティクスや、整数計画問題に対する分枝限定法などの厳密解法も存在します。一般に、メタヒューリスティクスでは、候補となる近似解を多数生成して評価するため、計算量が膨大になります。また、厳密解を当てはめる場合、解を段階的に絞り込んでいくので、解を得るまでに時間を要します。その点、強化学習は、サンプリングやブートストラップを適用して計算リソースを抑えつつ、

探索と活用を繰り返しながら着実に解を絞り込んでいくことができます（**2.4節**参照）。つまり、メタヒューリスティクスと厳密解の両者の利点をうまく取り込んだ学習法であると言えます。

図1.8 モデルフリーな探索

Part 1_基礎編　　Part 2_応用編

1.3 深層強化学習とは

> 深層学習による特徴抽出と強化学習による予測制御を組合せることで、ゲーム
> AIやロボット制御などの複雑なシステムの制御ができるようになりました。本節
> では、深層学習が強化学習において果たす役割について考察します。

　強化学習においては、環境についての知識は未知であるため（モデルフリー）、
探索によって環境について情報収集する必要があります。例えば、囲碁やビデオ
ゲームを習得する場合、囲碁の盤面の石の配置とか、ビデオゲーム画面のキャラ
クターの配置などから、ゲームの状況を把握して次の一手を決定しなければなり
ません。このような場合、盤面やゲーム画面などの2次元の画像情報から、ゲー
ムの局面という高次の特徴量を抽出することが要求されます。車の自動運転にお
いても、センサーが取得した画像情報から歩行者や障害物の特徴を把握して適切
な操作をしなければなりません。

　さらに、囲碁の場合で考えると、盤面の特徴を把握して局面を理解できたとし
て、その後の戦略を何手先までも先読みして最適な一手を選択する必要がありま
す。その場合、一連の行動とそのもたらす結果として、状態と報酬の系列を事前
にシミュレーションする必要があります。つまり、状態・行動・報酬の系列デー
タを逐次的に生成する仕組みが必要です。

　このように、強化学習の適用には、観測データからの特徴量抽出と、予測シ
ミュレーションを可能とする系列データ生成とが必要となります。これら2つの
重要な仕組みを提供するのが深層学習です。深層学習（Deep learning）は、
ニューラルネットワークの層を多数積んだ深層ニューラルネットワーク（Deep
Neural Network, DNN）とそれらを学習するための一連の技術体系をまとめた
ものです。

　観測データからの特徴量抽出器としては、畳み込みニューラルネットワーク
（Convolutional Neural Network, CNN）が有効であることが知られていま
す[4]。これは、畳み込み演算と言われる演算操作により、一定の拡がりを持つ空
間情報を集約して次の層に渡す処理を繰り返しながら、空間情報の特徴量を抽出

※4　観測データが、画像データや時系列データのように、局所類似性を有する場合には、畳み込み演算が
　　特徴量抽出として有効であるという意味です。

する方法です。

　CNNでは、こうして得られた特徴量を利用して様々なタスクに適用することができます。例えば、画像分類問題に適用する場合、画像に対して被写体の分類ラベル（ネコ、イヌ、ヒト）が一意に紐づく画像セットを訓練データとして、画像から分類ラベルを予測するモデルを学習します（図1.9）。その際、CNNによる特徴量出力を全結合ニューラルネットワークからなるラベル予測モデルに渡して学習することで、人間を超える分類精度を達成することができました。

図1.9　CNNによる画像分類

　系列データ生成器としては、再帰型ニューラルネットワーク（Recurrent Neural Network, RNN）が有効なモデルとして知られています。これは、ニューラルネットワークの層の情報を時間方向にも伝播することで系列データを学習できるようにしたものです。具体的には、ある層の情報を次の層に渡すだけでなく、次時点の同じ層にも再帰的に渡すことで系列データの特徴を把握します。また、こうして学習されたRNNを用いて、逐次的に系列要素を1個ずつ予測しながら系列データを生成することができます（図1.10）。この技術は、言語の自動翻訳に応用され、高い精度の翻訳を実現できるようになりました。

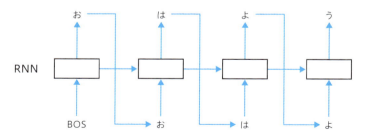

図1.10　RNNによる系列データ生成

　こうした深層学習による特徴量抽出と系列データ生成を強化学習に適用して、これまで制御が難しいと考えられていたタスクを制御できるようにする試みが深層強化学習です。本書では、強化学習と深層学習のアルゴリズムについて詳しく解説した上で（**第1部**）、深層強化学習の適用事例として、連続変数の制御、組合

せ最適化問題、系列データ生成、といった興味深いタスクについて実装をベースに紹介します（**第2部**）。

　ところで、本書で扱う適用事例に共通しているのは、行動を表す変数が連続変数であったり、行動の選択肢の数が多い（高次元）などの理由により、強化学習でよく用いられているQ学習での取り扱いが難しいということです。こうした高次元または連続な行動変数による制御を扱うには、所与の状態における行動の価値を推定するよりも、行動の確率分布を記述する方策（policy）を学習するほうが有効です。

　そこで、本書では、強化学習アルゴリズムの中でも方策勾配法やActor-Critic法といった方策ベースの手法を詳しく解説します（**2.4節**）。また、深層学習においては、系列データ生成で重要となるRNNおよび長期・短期記憶（Long Short Term Memory, LSTM）による拡張について詳しく解説します（**第3章**）。

CHAPTER 2

強化学習の
アルゴリズム

本章では、強化学習のアルゴリズムについて説明します。最初に、強化学習の問題が、マルコフ決定過程における行動選択の最適化問題として定式化できることを説明します。その上で、この最適化問題が状態あるいは行動の価値を表す価値関数および行動価値関数（Q関数）の最大化問題であることを示し、これら価値関数がしたがう再帰方程式としてベルマン方程式（Bellman equation）を導出します。

　ベルマン方程式の解法としては、環境モデルの情報を前提とした動的計画法と、環境モデルの情報を探索・収集しながら解を求める強化学習とがあります。本章では強化学習の手法としてモンテカルロ法とTD学習を解説します。

　さらに、こうして得られた価値関数あるいはQ関数を用いて環境を制御するアルゴリズムを紹介します。価値ベースの手法としてSARSAとQ学習、方策ベースの手法として方策勾配法とActor-Critic法について解説します。

Part 1_基礎編　　　Part 2_応用編

2.1 強化学習の基本概念

本節では、強化学習のアルゴリズムを学ぶための準備として、強化学習の問題設定と用語を復習します。状態・行動・報酬を表す変数記号を定義し、それらを使ってアルゴリズムの手順をまとめます。最後に、本章の各節で学ぶ内容を他章との関連も含めて紹介します。

2.1.1 強化学習の問題設定

　最初に、強化学習の問題設定について復習しましょう。前章で説明したように、強化学習では、エージェント（agent）が行動選択を通して環境（environment）に影響を及ぼします（**図1.5**）。人型ロボット制御の例では、エージェントはロボットの頭脳にあたる制御プログラムに対応します。一方、環境はロボットの動作を担うロボット本体およびロボット近傍の周辺環境から構成されます。

　エージェントの目的は、ロボットが与えられたタスクを実行できるようにロボットの動作を制御することです。例えば、タスクが2足歩行の場合、エージェントはロボットが転倒せずに一定距離を歩行するように操作（行動決定）を行います。その際、エージェントは、何らかの方策（policy）に基づいて行動（action）を決定します。方策の例としては、「右足と左足を交互に動かす」「前方に出した足が着地したら、重心を前に移動して後ろに残っている足を前に出す」などが考えられます。この場合、ロボットに対して「右足を前方に移動」「重心を前に移動」といった指示を送ること（操作）がエージェントの行動に対応します。

　一方、環境は、エージェントの指示に基づいてロボット本体を動かします。例えば「右足を前方に移動」というエージェントの指示に対して、ロボット本体は駆動装置を動かして右足を前に移動します。その結果、ロボット本体の各部（例えば右足）の位置座標が更新されます。このように、エージェントの行動（操作指示）の結果、ロボット各部の位置座標と速度で表される環境の状態（state）が更新されます。

　エージェントが最適な方策を学習するには、環境からのフィードバックが必要です。例えば、エージェントの指示にしたがってロボットが動作した結果、転倒してしまった場合、エージェントの指示に問題ありと見なしてペナルティを科し

ます。反対に、ロボットが倒れることなく続けて前進できたらエージェントに高評価を返します。こうして、環境はエージェントの行動決定がもたらす影響（転倒か前進か）に応じて**報酬（reward）**をエージェントに返します（ 図1.7 ）。エージェントは、一連の動作において受け取る累積報酬が高くなるように方策を改善します。

　このように、エージェントが環境とのやり取りを通して方策を改善しながら、最適な方策を習得することが強化学習の目的です。

2.1.2　強化学習の仕組み

　強化学習の仕組みをアルゴリズムとして定式化するには、状態・行動・報酬を記述する変数を導入する必要があります。強化学習では、エージェントの行動選択と環境の状態更新を繰り返しながら学習が進みます。この繰り返し処理の各ステップを表す変数として時点tを導入します。

　次節で説明するように、強化学習の状態遷移はマルコフ決定過程と呼ばれる確率過程として記述されます。したがって、状態・行動・報酬の各変数は、所与の時点tにおける確率変数として定義されます。変数記号は、各変数の英語名の頭文字で表すのが通例です。時点tにおける状態・行動・報酬の各変数は、それぞれ時点tの添え字付き確率変数S_t、A_t、R_tと表記されます。

　P.023の 図2.1 は、強化学習のアルゴリズムを図示したものです。エージェントは、時点tの状態S_tを入力として方策により行動A_tを選択します。それに応じて環境は状態S_tを更新して、次時点の状態S_{t+1}としてエージェントに渡します。その際、環境はエージェントの行動選択に対するフィードバックとして報酬R_{t+1}をエージェントに返します。手順にまとめると以下のように表されます。

手順1　環境の情報は状態S_tに集約され、それをもとにエージェントは、その方策にしたがって行動A_tを選択する

手順2　環境はエージェントの選んだ行動A_tに対して報酬R_{t+1}をエージェントに返し、状態S_tを新たな状態S_{t+1}に更新する

手順3　エージェントは、その時点までの観測結果S_t, A_t, R_{t+1}に基づいて方策を改善する

手順4　上記**手順1〜3**をエージェントの方策が最適な方策に収束するまで繰り返す

　上記の**手順3**において方策が最適かどうかを知るには、任意の状態について方

策によって選ばれた行動の価値を定量化する必要があります。さらに、そうして定量化された価値が**手順1〜4**において更新される仕組みも必要です。

2.1.3　本章で解説する内容

以降の節では、強化学習の**手順1〜4**を具体的に説明します。まず、**2.2節**では、**手順1〜4**のもとで観測される状態・行動・報酬系列を数学的に記述する方法を解説します。さらに、任意の状態における行動の価値が行動価値関数として定量化できること、その更新式が**ベルマン方程式（Bellman equation）**として定式化できることを解説します。

次に**2.3節**では、ベルマン方程式の解法について説明します。ベルマン方程式は、環境モデルの情報がわかっている場合、動的計画法により厳密に解くことができます（**モデルベースな手法**[※1]）。一方、環境についての情報が未知である場合には、探索的な方法により近似的に解かねばなりません（**モデルフリーな手法**）。これら2つの手法について順番に解説します。

最後に**2.4節**では、モデルフリーな手法によりエージェントが環境の制御を学習する方法について解説します。制御の学習法としては、行動価値関数により方策を間接的に最適化する方法（**価値ベースの手法**）と方策を直接的に最適化する方法（**方策ベースの手法**）とがあります。さらに、両手法のハイブリッドである**Actor-Critic法**についても解説します。

第2章で解説した内容は、**第4章**以降の深層強化学習を用いた実装例を理解するための基礎となるものです。**2.4節**では、価値ベースの手法としてSARSAとQ学習を解説しますが、このうちQ学習は**4.2節**のDQNによる倒立振子制御の基礎となるアルゴリズムです。また、方策ベースの手法として方策勾配法とその発展形であるActor-Critic法を解説します。これらは**4.3節**の倒立振子制御や**Part2 応用編**で紹介される制御アルゴリズムの基礎となるものです。ただし、解説は数式を駆使した詳細な内容に及ぶので、エンジニアの方などアルゴリズムの詳細に興味のない読者は、**第4章**以降から読み進めていただき必要に応じて**第2章**を参照していただければよいかと思います。

[※1] モデルベースな手法は、環境モデルが既知の場合だけではありません。未知であっても、観測データから環境モデルを学習して活用する手法も含みます（ **MEMO 2.2** 参照）。

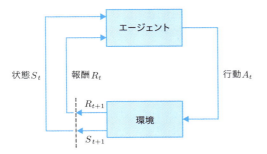

図2.1 強化学習の概念図

> **ATTENTION 2.1**
>
> ### 確率変数の記法について
>
> 　強化学習で使用される状態、行動、報酬の各変数は、確率変数として定義されます。本書では、確率変数を英大文字、その観測値を英小文字で表記します。
>
> 例1. S_t、A_t、R_t：時点 t における状態変数、行動変数、報酬変数
> 例2. $S_t = s$：時点 t における状態変数の観測値が s に等しい

Part 1_基礎編　　Part 2_応用編

2.2 マルコフ決定過程とベルマン方程式

本節では、強化学習の前提として、環境におけるエージェントの状態遷移と報酬分布を記述する数理モデルがマルコフ決定過程により記述できることを説明します。その上で、所与の状態においてエージェントが受け取る期待収益として価値関数を定義します。さらに、価値関数の動的振る舞いが、ベルマン方程式と呼ばれる再帰方程式にしたがうことを説明します。マルコフ決定過程については、具体的な事例として会社員の行動をモデル化した3状態2行動モデルを使って解説します。

2.2.1 マルコフ決定過程

本項では、環境を表す数理モデルであるマルコフ決定過程について解説します。図2.1において、状態S_tにある環境は、エージェントから行動A_tを受け取って次状態S_{t+1}に遷移し、報酬R_{t+1}をエージェントに返します。これら一連の手順が確率過程にしたがうと考えると、環境モデルは現時点の状態S_tと行動A_tのペアに対して、次の状態S_{t+1}への遷移確率と報酬R_{t+1}の確率分布をともに記述する必要があります。そのような確率過程は、次の条件付き確率、

$$p(s', r|s, a) = \Pr\{S_{t+1} = s', R_{t+1} = r | S_t = s, A_t = a\} \quad \text{式2.1}$$

により記述され、マルコフ決定過程（MDP, Markov decision process）と呼ばれます[※2]。

● 状態遷移確率と期待報酬

MDPを記述するには、上述の条件付き確率$p(s', r|s, a)$で尽きていますが、MDPを状態遷移図として可視化したり、後述のベルマン方程式を記述するには、$p(s', r|s, a)$そのものよりも、いくつかの変数について和を取ったり、期待値を取ったものが便利です。

例えば、状態遷移を記述する場合、遷移前後の状態s, s'とその際にエージェン

※2　確率変数の記法については、前節の ATTENTION 2.1 を参照してください。

トがとった行動aに着目しますが、報酬の具体的な値rには興味がないので、$p(s', r|s, a)$において報酬rを足し上げた条件付き確率が便利です。

$$p(s'|s, a) = \Pr\{S_{t+1} = s'|S_t = s, A_t = a\} \equiv \sum_r p(s', r|s, a)$$

式2.2

ここで、時点$t + 1$の状態s'は、直前の時点tの状態・行動のペア(s, a)にのみ依存し、それより前の過去の情報には依存しません。このような確率過程の性質をマルコフ性と呼びます。

一方、報酬についても、条件付き確率$p(s', r|s, a)$にしたがって確率的に生成される報酬よりは、状態遷移と行動の組合せ(s, a, s')に対してエージェントが獲得する報酬の期待値に興味があります。このような期待値は、次式により定義できます。

$$r(s, a, s') = \mathbb{E}[R_{t+1}|S_t = s, A_t = a, S_{t+1} = s'] \equiv \sum_r r \sum_{s'} \frac{p(s', r|s, a)}{p(s'|s, a)}$$

式2.3

● 会社員のMDP

MDPによる状態遷移を具体例で考えてみましょう。ある会社員の一日の行動を、状態数が3、行動数が2のMDPで表現してみます。会社員がエージェントに対応し、MDPにより会社員の状態遷移と報酬付与を決めているのが環境モデルに対応します。

3つの状態s_0, s_1, s_2は、それぞれ、会社員が自宅、会社、バーに滞在している状態を表します。2つの行動a_0, a_1は、それぞれ、移動と滞在に対応します。状態を白丸ノード、行動を青丸ノードで表し、行動選択および状態遷移を矢印で表すと 図2.2 のような状態遷移図を描くことができます。図中の矢印に付与された括弧内の2つの数字は、それぞれ、矢の先にある行動を選択する確率（方策確率）とその選択により得られる報酬を表します。

自宅で朝起きた状態がs_0として、その朝の気分で外出するか否かを決定します。外出を選んだ場合、確率80％で会社に出勤しますが、人間は意志が弱いので残りの確率20％で会社を休んでバーへ向かいます。出勤すれば仕事をして報酬＋1がもらえます。バーに行けば、出費はしますが楽しいので報酬＋2を受け取ります。外出しないことを選んだ場合、確率100％で自宅に滞在しています。働かず出費もないので報酬は0です。

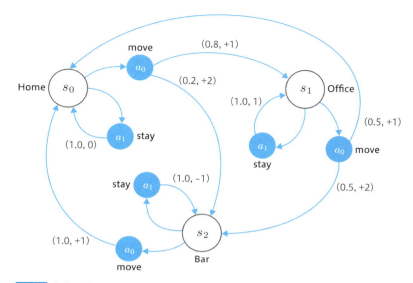

図2.2 状態遷移図

　会社に出勤すると状態はs_1になります。今度は、腰を据えて仕事を頑張るか、早々に仕事を切り上げて外出するかを決定します。仕事を頑張ることを選んだ場合、確率100％で机に向かって仕事をするので、仕事により報酬＋1を獲得します。一方、仕事を切り上げて外出することを選んだ場合、確率50％でバーに向かうか、確率50％で自宅に帰るかのどちらかです。前者の場合、出費を上回る享楽として報酬＋2を受け取ります。後者の場合は、寄り道せずに自宅に帰って休めるので報酬＋1を得られます。

　会社を出てバーに向かうと状態はs_2になります。ここでは、深酔いしないうちにバーを出るか、バーにとどまって飲み続けるかを決定します。バーを出る場合、会社に戻って仕事する可能性は低いので、確率100％で自宅に帰ります。自宅に帰れば十分に休めるので報酬は＋1です。一方、バーにとどまると出費も増えて深酔いするので、負の報酬−1を受け取ります。

　上述のMDPにおける状態遷移確率と報酬期待値を、**表2.1** にまとめておきます。

表2.1 会社員MDPの状態遷移確率と報酬期待値

s	a	s'	p(s'|s,a)	r(s,a,s')
Home	move	Office	0.8	+1
Home	move	Bar	0.2	+2
Home	stay	Home	1.0	0
Office	move	Bar	0.5	+2
Office	move	Home	0.5	+1
Office	stay	Office	1.0	+1
Bar	move	Home	1.0	+1
Bar	stay	Bar	1.0	-1

● 価値関数の導入

　このように、MDPでは状態に応じて行動選択しながら報酬を獲得していきます。会社員の例の場合、一定期間にわたって状態遷移図にしたがって行動選択を繰り返しながら獲得した報酬を蓄えていきます。会社員にとって最適な行動とは、蓄えた報酬の総額、すなわち収益（return）を最大化する行動です。それでは、どのようにして最適な行動を見つければよいでしょうか？

　会社員の例で考えてみましょう。行動として常に「滞在」を選択する場合、状態間の遷移が起こらなくなります。初期状態が自宅なら、自宅に滞在し続けるので収益は0のままです。初期状態が会社なら、ひたすら働き続けて着実に報酬を得ますが、自宅での休息やバーでの楽しみがあれば、もっと収益が得られそうです。初期状態がバーなら、滞在し続けることで消耗が進むので収益はマイナスになります。常に「滞在」を選ぶ方法は、明らかに最適ではありません。

　そこで、エージェントが獲得する収益を最大化するよう、与えられた環境のもとで行動の選び方を最適化する必要があります。強化学習ではエージェントの行動の選び方のことを方策（policy）と呼びます。具体的には、状態sのもとで行動aを選択する条件付き確率$\pi(a|s)$として定義されます。

　こうして、環境モデルは状態遷移確率$p(s', r|s, a)$で記述され、エージェントの行動選択の基準は方策$\pi(a|s)$で記述されることがわかりました。強化学習の目的は、所与の環境のもとでエージェントの最適な行動選択の基準（方策）を見つけることです。これを機械学習の枠組みで行うには目的関数を定義する必要があります。

　ところで、目的関数は行動の価値と関係するので、報酬によって目的関数を定

義すれば良さそうです。強化学習において報酬という場合、ある行動を取った直後に環境から返される報酬、つまり即時報酬を意味します。しかし、目的関数としては、単一の行動から得られる即時報酬よりは、ある方策にしたがって得られた一連の行動を評価できるものが望ましいです。MDPのもとでは、状態・行動系列に伴って即時報酬の系列も生成されるので、それらの累積和を目的関数として採用するのが良さそうです。

そのような報酬和として、割引率を考慮した累積報酬和G_tを採用します。

$$G_t = R_{t+1} + \gamma R_{t+2} + \gamma^2 R_{t+3} + \cdots = \sum_{k=1}^{\infty} \gamma^{k-1} R_{t+k} \qquad \text{式 2.4}$$

ここで、γは割引率であり1未満の正数として定義されます。強化学習では、このように定義された割引報酬和のことを収益（return）と呼びます。割引率を考えるということは将来の報酬を現在時点で割り引いて評価することを意味しています。γが1に近いほど、割引率による減衰が緩やかになり、遠い将来の報酬が尊重されます。

さて、本題に戻って目的関数について考えましょう。割引報酬和は、ある方策にしたがったときに期待される収益として理解できます。したがって、強化学習において最大化すべき目的関数は、「ある状態sにおいて、方策$\pi(a|s)$にしたがう行動選択とMDPによる状態遷移を繰り返したときに期待できる収益」として定義できます。この目的関数のことを価値関数と呼び$v_\pi(s)$と表記します。

$$v_\pi(s) = \mathbb{E}_\pi[G_t|S_t = s] \qquad \text{式 2.5}$$

ここで$\mathbb{E}_\pi$は、方策πにしたがうエージェントが所与のMDPにしたがって状態遷移して得られるすべての行動履歴についての期待値を意味します[※3]。

このように価値関数を定義することで、すべての状態について収益が最大となる方策を取ることは、価値関数 式 2.5 をすべての状態sについて最大化する問題に置きかわります。つまり、強化学習の目的は、「価値関数$v_\pi(s)$をすべての状態sについて最大化する方策を見つけること」であると言えます。

最適方策を見つける問題はMDPにおける最適化問題ですが、全探索による方法だと次節で見るように計算コストがステップ数のべき乗で増えていきます。こうした問題を効率的に解く方法として動的計画法が知られています。動的計画法

※3　期待値の具体的な定義は、次々節の MEMO 2.4 を参照してください。

では、全状態について価値関数を計算するという大きな問題を、ある時点における価値関数を次時点における価値関数から説明するという部分問題に帰着させて解くことを考えます。具体的には、ベルマン方程式と呼ばれる価値関数の再帰方程式を解くことに帰着します。次項ではベルマン方程式とその解法について解説します。

> **MEMO 2.1**
>
> ### MDPにおけるエピソードの定義
>
> MDPは、状態遷移に終端状態がある場合とない場合とに分けられます。終端状態とは、その状態に到達すると、そこから他の状態に遷移できない状態のことです。MDPがゲームを記述する場合なら、終端状態はエージェントがゲームをクリアするかゲームに失敗してゲームが終了した状態に対応します。終端状態がある場合、MDPにしたがった状態遷移は有限ステップで終了します。この場合、MDPは、**エピソディック（episodic）**と呼ばれ、エピソディックなMDPのもとでの一連の状態遷移を**エピソード（episode）**と呼びます。エピソディックなMDPでは、収益G_tは有限個の報酬和になるので割引率$\gamma = 1$と置くことができます。

2.2.2　ベルマン方程式

前項では、MDPの最適化問題の目的関数として価値関数を導入しました。価値関数を最大化するエージェントの方策を見つけるには、すべての状態にわたって価値関数を計算する必要があります。これを効率よく計算するには、価値関数を再帰的に計算する必要があります。そのためには、ある状態sにおける価値関数を、それに後続する状態s'における価値関数と関係づける方程式が必要となります。この方程式は、提唱者にちなんでベルマン方程式（Bellman equation）と呼ばれます。本項では、価値関数の定義からベルマン方程式を導出するとともに、その意味について解説します。

● 価値関数のベルマン方程式

最初に、価値関数$v_\pi(s)$がしたがうベルマン方程式を導出しましょう。価値関数は、収益すなわち割引報酬和の方策πによる期待値として定義されました。収益の定義 式2.4 から以下の漸化式が成り立ちます。

$$G_t = R_{t+1} + \gamma G_{t+1} \qquad \text{式2.6}$$

左辺には時点tにおける収益、右辺には時点$t+1$における収益が現れているので、この方程式の方策πによる期待値を取ることで価値関数の再帰方程式が得られると期待できます。

そこで、前項で定義した状態遷移確率 式2.2 と報酬期待値 式2.3 を使って、漸化式 式2.6 からベルマン方程式を導いてみましょう。まず、漸化式 式2.6 の方策πによる期待値をとります。

$$\mathbb{E}_\pi[G_t|S_t=s] = \mathbb{E}_\pi[R_{t+1}|S_t=s] + \gamma\mathbb{E}_\pi[G_{t+1}|S_t=s]$$

この方程式の左辺は、定義式 式2.5 により価値関数$v_\pi(s)$です。右辺の第1項は、状態sだけで決まる関数ですが、式2.3 で定義した報酬期待値$r(s,a,s')$で表そうとすると行動aと状態s'が残ってしまいます。そこで、方策$\pi(a|s)$と状態遷移確率$p(s'|s,a)$を掛けて行動aと状態s'を足し上げてsだけの関数にしなければなりません。

$$\mathbb{E}_\pi[R_{t+1}|S_t=s] = \sum_a \pi(a|s) \sum_{s'} p(s'|s,a)r(s,a,s')$$

一方、右辺の第2項は、時点$t+1$の収益G_{t+1}の期待値なので、時点$t+1$の状態$S_{t+1}=s'$における価値関数$v_\pi(s')$を含むはずです。しかし、右辺は状態sのみにしか依存しないので、式2.2 で定義した状態遷移確率$p(s'|s,a)$と方策$\pi(a|s)$を掛けて、行動aと状態s'を足し上げておく必要があります。

$$\gamma\mathbb{E}_\pi[G_{t+1}|S_t=s] = \gamma \sum_a \pi(a|s) \sum_{s'} p(s'|s,a)v_\pi(s')$$

以上をまとめると、価値関数がしたがうベルマン方程式（Bellman equation）が得られます。

$$v_\pi(s) = \sum_a \pi(a|s) \sum_{s'} p(s'|s,a)\Big[r(s,a,s') + \gamma\,v_\pi(s')\Big] \qquad \text{式2.7}$$

ベルマン方程式 式2.7 の意味について考えてみましょう。この方程式は、MDPにおける行動選択と状態遷移の1ステップを記述しています。エージェントは状態sのもとで方策確率$\pi(a|s)$のサイコロを振って行動aを選択し、環境モデルは状態・行動ペア(s,a)のもとで状態遷移確率$p(s'|s,a)$にしたがって状態s'に遷移します。

ベルマン方程式 式2.7 の右辺は、上記の1ステップにおいて得られる収益の総和を表しています。実際、状態sにおいてMDPの1ステップ(s, a, s')から期待される収益は、報酬期待値$r(s, a, s')$と状態s'の割引現在価値$\gamma v_\pi(s')$の和、

$$r(s, a, s') + \gamma v_\pi(s')$$

として計算されます。状態sに対してMDPの1ステップ(s, a, s')は複数あるので、状態sにおける期待収益$v_\pi(s)$を計算するには、上記の1ステップ収益を確率密度$\pi(a|s)\, p(s'|s, a)$で重み付け平均する必要があります。これは、ベルマン方程式 式2.7 の右辺における積和計算に他なりません。

● バックアップ木による解釈

ベルマン方程式の再帰性は、**バックアップ木**というグラフにより解釈できます。ベルマン方程式からわかるように、状態sと次の状態s'との間には、行動aが必ず介在します。このことは状態と行動の2種類のノードを持つ2部グラフとして表現できます。図2.3 のバックアップ木を見てください。白丸を状態、青丸を行動とすると、白丸から青丸へのリンクは、方策$\pi(a|s)$を表し、青丸から白丸へのリンクは、状態遷移$p(s'|s, a)$とそれに伴う報酬$r(s, a, s')$を表しています。

バックアップ木は、状態sを起点として、時間ステップが進むにつれて下に拡がっていきます。実際、状態s'を新たな起点と見なせば、同じ構造のグラフを継ぎ足していくことができます。エピソディックなMDPでは終端状態が存在するので、バックアップ木は有限の深さにとどまります。バックアップ木を末端から遡って計算すると大変な計算量になりますが、ベルマン方程式は、1ステップ差分の関係式として記述されています。この意味で、ベルマン方程式は動的計画法の計算手順を表現していると言えます。

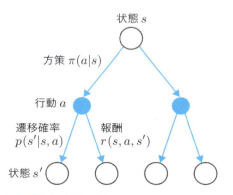

図2.3 バックアップ木

● 行動価値関数のベルマン方程式

バックアップ木の構造から明らかなように、MDPでは状態と行動が交互に現れます。最適な行動を選択するには、その状態の価値よりも行動の価値を知ることのほうが重要となります。ここでは、行動の価値を定量化した関数として行動価値関数を定義し、それがしたがうベルマン方程式を導出します。

ベルマン方程式 **式2.7** の右辺を見ると、状態sと行動aを引数とする関数を方策$\pi(a|s)$で重み付けして足し上げています。そこで行動価値関数$q_\pi(s,a)$を次式により定義します。

$$q_\pi(s,a) = \sum_{s'} p(s'|s,a)\Big[r(s,a,s') + \gamma\, v_\pi(s')\Big] \qquad \text{式2.8}$$

その結果、ベルマン方程式 **式2.7** は行動価値関数$q_\pi(s,a)$と価値関数$v_\pi(s)$との双対（dual）な関係式を表します。

$$v_\pi(s) = \sum_a \pi(a|s)\, q_\pi(s,a) \qquad \text{式2.9}$$

定義式 **式2.8** に **式2.9** を代入して価値関数を消去することにより、行動価値関数がしたがうベルマン方程式が得られます。

$$q_\pi(s,a) = \sum_{s'} p(s'|s,a)\left[r(s,a,s') + \gamma \sum_{a'} \pi(a'|s')\, q_\pi(s',a')\right] \qquad \text{式2.10}$$

ちなみに、**式2.9** を満たす行動価値関数が、収益の状態・行動ペア(s,a)による条件付き期待値として定義される行動価値関数と一致することを直接計算により確かめることができます。

$$q_\pi(s,a) \equiv \mathbb{E}_\pi[G_t|S_t = s, A_t = a]$$

● 最適ベルマン方程式の導出

価値関数$v_\pi(s)$も行動価値関数$q_\pi(s,a)$も方策πに依存しています。強化学習の目的関数は、両者を最大化する方策を見つけることなので、πが最適方策に等しい場合の価値関数を定義することに意味があります。

$$v_*(s) = \max_{\pi} v_{\pi}(s), \quad q_*(s, a) = \max_{\pi} q_{\pi}(s, a)$$

これらの定義をベルマン方程式 **式2.7** に適用することで、以下の最適ベルマン方程式が導かれます。

$$v_*(s) = \max_{a \in \mathcal{A}^*(s)} \sum_{s'} p(s'|s, a) \Big[r(s, a, s') + \gamma \, v_*(s') \Big]$$

式2.11

右辺の最大値は、$q_*(s, a)$ が最大値を取る行動 a が唯一ではなく、集合 $\mathcal{A}^*(s)$ の要素として複数個が存在することを意味します。この集合 $\mathcal{A}^*(s)$ は、最適方策 $\pi_*(a|s)$ が最大値を取る状態 s の集合に一致します。

---

① ATTENTION 2.2

価値関数、行動価値関数の記法について

本書では、価値関数、行動価値関数の記法として Sutton-Barto[4] による以下の記法にしたがいます。

1. ベルマン方程式の厳密解として定義される価値関数、行動価値関数は、英小文字で表記する。
   例1. $v_{\pi}(s)$, $v_*(s)$, $q_{\pi}(s, a)$, $q_*(s, a)$
2. ベルマン方程式の近似解あるいは推定値として定義される価値関数、行動価値関数は、英大文字で表記する。
   例2. $V_t(s), Q_t(s, a)$：時点 t における価値関数、行動価値関数の近似関数
   $V_t(S_t)$：時点 t における価値関数の状態 S_t における推定値

※4　R.S. Sutton and A.G. Barto, "Reinforcement Learning: An Introduction" Second Edition, Second Edition, MIT Press, Cambridge, MA, 2018

2.3 ベルマン方程式の解法

前節では、マルコフ決定過程（MDP）のもとで行動を最適化する問題が、ベルマン方程式を解くことに集約されることを見ました。環境モデルが既知の場合、動的計画法によりベルマン方程式を近似なしで解くことができます。しかし、実際には、環境モデルが未知であったり、既知であっても複雑または大規模であるなどの理由により、環境モデルの情報によらない「モデルフリー」な近似解法が必要となります。強化学習は、探索により環境モデルから得られた観測データを活用してMDPの最適解を見つけるので、モデルフリーな近似解法を提供します。

2.3.1 動的計画法

まずはじめに、ベルマン方程式に基づいてエージェントの行動を最適化する方法について考えてみましょう。環境モデルは、MDPによる状態遷移を決定する条件付き確率 $p(s', r|s, a)$ により規定されます。したがって環境モデルが所与の場合、ベルマン方程式の右辺に現れる状態遷移確率 $p(s'|s, a)$ および報酬期待値 $r(s, a, s')$ は既知の関数となります。一方、エージェントの行動指針を表す方策 $\pi(a|s)$ は、所与の環境のもとで最適化されるべき関数です。方策が最適化されていれば、あらゆる状態 s について価値関数 $v_\pi(s)$ は、最大化されているはずです。

所与のMDPとベルマン方程式のもとで最適方策を見つける方法として、方策反復法と価値反復法が知られています。いずれの方法も動的計画法による価値関数の計算をベースとしており、ベルマン方程式を解析的あるいは逐次的に解く必要があります。以下、それぞれの手法について解説します。

MEMO 2.2

モデルベースとモデルフリー

強化学習の手法は、モデルフリーな手法だけに限りません。環境モデル（状態遷移確率と報酬の確率分布）が未知であっても、観測データから環境モデルを学習して、これをもとにベルマン方程式を解くこともできます。このような手法をモデルベースな手法と呼びます。モデルベースな強化学習については、本書の範囲を超えるので割愛します。ちなみに動的計画法は、既知の環境モデルにしたがってベルマン方程式を解くので、モデルベースな手法と言えます。

方策反復法（Policy iteration）

　方策反復法では、所与の方策のもとでベルマン方程式を使って価値関数を計算するステップ（方策評価）と、そうして得られた価値関数が最大値を取るように方策を更新するステップ（方策改善）を交互に繰り返して最適方策を見つけます。そのためには、ベルマン方程式を価値関数$v_\pi(s)$について解かねばなりません。

MDPのバックアップ木による解釈

　ベルマン方程式の意味を考えるうえで、バックアップ木が有用でした。先に紹介した会社員のMDPをバックアップ木で表してみましょう（図2.4）。このMDPは、3つの状態（Home, Office, Bar）と2つ行動（move, stay）からなります。簡単のため、図2.4では、状態ノードを状態名のアルファベット頭文字で区別しています。3状態をそれぞれ起点に持つ3つのバックアップ木が描かれます。各図の末端には、1ステップ後の状態ノードが現れるので、対応するバックアップ木を継ぎ足しながら、ステップ数に応じて枝を伸ばしていくことができます。

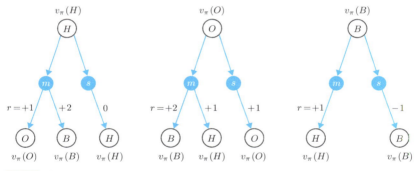

図2.4　バックアップ木

　価値関数の計算では、バックアップ木の連鎖を辿って割引報酬和を計算するわけですが、バックアップ木は無限に伸びていくので、そのような計算は不可能です。実際には、バックアップ木が起点から1ステップ先までの3パターンの図で尽きているので、グラフの再帰性を利用することで効率的に計算できます。このように、計算量が指数オーダーの問題を、部分問題の再帰性を活用して多項式オーダーで解く方法のことを動的計画法（Dynamic Programming, DP）と呼びます。また、バックアップ木の再帰性の数学的表現がベルマン方程式に他なりません。

MDPの解析解による方策評価

それでは、会社員MDPにおいてベルマン方程式を解析的に解いてみましょう。対象とするMDPは3状態2行動のMDPなので、価値関数$v_\pi(s)$を3成分からなるベクトル$\mathbf{v}$と見なすことができます。また、状態遷移確率$p(s'|s,a)$および報酬期待値$r(s,a,s')$は、所与の方策πに関する期待値を取ることで、それぞれ3行3列の行列$\mathbf{P}^\pi$および3成分の報酬ベクトル$\mathbf{R}^\pi$に変換されます。

$$[\mathbf{P}^\pi]_{ss'} = \sum_a \pi(a|s)\,p(s'|s,a)$$

$$[\mathbf{R}^\pi]_s = \sum_a \pi(a|s) \sum_{s'} p(s'|s,a)r(s,a,s')$$

$$\mathbf{v} = (v_\pi(H), v_\pi(O), v_\pi(B))^\mathrm{T}$$

ベルマン方程式は、価値ベクトル$\mathbf{v}$がしたがうベクトル方程式として表され、以下のように解析的に解くことができます。

$$\mathbf{v} = \mathbf{R}^\pi + \gamma\,\mathbf{P}^\pi\mathbf{v} \quad \Rightarrow \quad \mathbf{v} = (1 - \gamma\,\mathbf{P}^\pi)^{-1}\,\mathbf{R}^\pi \qquad \text{式2.12}$$

方程式の解は、価値関数が$\mathbf{P}^\pi$、$\mathbf{R}^\pi$を介して方策πに依存しており、この意味で方策評価の結果を与えています。ちなみに、ランダム方策$\pi(a|s) = 0.5$と割引率$\gamma = 0.95$を仮定すると、

$$\mathbf{v} = (13.5,\ 14.0,\ 12.2)^\mathrm{T} \qquad \text{式2.13}$$

と計算できます。会社にいる状態価値が最も高く、次いで自宅、バーの順に状態価値が下がっていく結果となりました。生産性の高い順に状態価値が並んでいるのは興味深いです。

会社員MDPでは、状態数が3つと少ないので行列計算から価値関数を計算できました。一般のMDPでは、迷路問題などのように状態数がずっと多いので、解析的な行列計算の代わりに再帰的に逐次代入して解が収束するまで計算を繰り返します。いずれにせよ、方策さえ所与であればベルマン方程式を使って価値関数を計算して方策を評価することができます。

greedy法による方策改善

次に方策改善について考えましょう。方策を改善するとは、具体的には、状態ごとに最適な行動を選択するように方策を変更することを意味します。したがっ

て、方策改善のステップでは、方策評価して計算された価値関数$v_\pi(s)$をもとに行動価値関数$q_\pi(s,a)$を計算し、任意の状態sについて$q_\pi(s,a)$が最大となる行動を選ぶように方策を変更します（**greedy法**）。

$$\pi'(a|s) = \begin{cases} 1/|\mathcal{A}^*(s)| & \text{for} \quad a \in \mathcal{A}^*(s) \\ 0 & \text{otherwise} \end{cases}$$

$$\mathcal{A}^*(s) = \left\{ a_* \ \text{s.t.} \ a_* = \arg\max_a q_\pi(s,a) \right\}$$

式2.14

会社員MDPの場合、方策評価で得られた$v_\pi(s)$を使って$q_\pi(s,a)$を計算すると以下のようになります。

$$q_\pi(H, move) = 0.8 \times (1 + 0.95\, v_\pi(O)) + 0.2 \times (2 + 0.95\, v_\pi(B)) = 14.2$$
$$q_\pi(H, \ stay\,) = 0 + 0.95\, v_\pi(H) = 12.8$$
$$q_\pi(O, move) = 0.5 \times (2 + 0.95\, v_\pi(B)) + 0.5 \times (1 + 0.95\, v_\pi(H)) = 13.7$$
$$q_\pi(O, \ stay\,) = 1 + 0.95\, v_\pi(O) = 14.3$$
$$q_\pi(B, move) = 1 + 0.95\, v_\pi(H) = 13.8$$
$$q_\pi(B, \ stay\,) = -1 + 0.95\, v_\pi(B) = 10.6$$

式2.15

行動価値関数のもとでgreedy（貪欲）に行動を選択するとは、状態ごとに行動価値関数が最大となる行動を選択することを意味します。したがって、 式2.15 において状態ごとに行動価値を比較することで、以下のように方策を更新できます。

$$q_\pi(H, move) > q_\pi(H, \ stay\,) \ \Rightarrow \ \pi(move|H) = 1$$
$$q_\pi(O, move) < q_\pi(O, \ stay\,) \ \Rightarrow \ \pi(\,stay\,|O) = 1$$
$$q_\pi(B, move) > q_\pi(B, \ stay\,) \ \Rightarrow \ \pi(move|B) = 1$$

つまり、自宅では移動（move）を選び、会社では滞在（stay）を選び、バーでは移動（move）を選ぶように方策が改善されました。実際、更新後の方策のもとでベルマン方程式 式2.12 を解くと、

$$\mathbf{v} = (20.2, \ 20.0, \ 20.2)^{\mathrm{T}}$$

式2.16

となり、どの状態の価値もランダム方策の場合と比べて高くなっています。とは言え、この方策のもとでは、会社員は一度出勤してしまうと会社に滞在し続けて家に帰れなくなります。

方策反復法では、上述の計算過程を方策が更新されなくなるまで繰り返します。その結果、自宅、会社、バーのどこにいる状態でも確率100%で移動する方策、

$$\pi(move|H) = \pi(move|O) = \pi(move|B) = 1$$

が最適方策であることがわかります。実際、この最適方策のもとでベルマン方程式 式2.12 を解くと状態価値として、

$$\mathbf{v} = (25.0,\ 25.1,\ 24.8)^{\mathrm{T}}$$

が得られます。この値のもとで先と同様に $q_\pi(s, a)$ を計算および比較してみると、方策が更新されないことが確認できます。ランダム方策と同様、最適方策においても状態価値の高い順に会社、自宅、バーが並んでいて、生産性による順序と一致していますが、最適方策では状態間の価値の差が小さくなっています。

　リスト2.1 に方策反復法を実行するPythonコードを掲載しておきます。

リスト2.1　方策反復法を実行するPythonコード (policy_iteration.py)

```python
# 各種モジュールのインポート
import numpy as np
import copy

# MDP の設定
p = [0.8, 0.5, 1.0]

# 割引率の設定
gamma = 0.95

# 報酬期待値の設定
r = np.zeros((3, 3, 2))
r[0, 1, 0] = 1.0
r[0, 2, 0] = 2.0
r[0, 0, 1] = 0.0
r[1, 0, 0] = 1.0
r[1, 2, 0] = 2.0
r[1, 1, 1] = 1.0
r[2, 0, 0] = 1.0
r[2, 1, 0] = 0.0
r[2, 2, 1] = -1.0
```

```python
# 価値関数の初期化
v = [0, 0, 0]
v_prev = copy.copy(v)

# 行動価値関数の初期化
q = np.zeros((3, 2))

# 方策分布の初期化
pi = [0.5, 0.5, 0.5]


# 方策評価関数の定義
def policy_estimator(pi, p, r, gamma):
    # 初期化
    R = [0, 0, 0]
    P = np.zeros((3, 3))
    A = np.zeros((3, 3))

    for i in range(3):

        # 状態遷移行列の計算
        P[i, i] = 1 - pi[i]
        P[i, (i + 1) % 3] = p[i] * pi[i]
        P[i, (i + 2) % 3] = (1 - p[i]) * pi[i]

        # 報酬ベクトルの計算
        R[i] = pi[i] * (p[i] * r[i, (i + 1) % 3, 0] +
                        (1 - p[i]) * r[i, (i + 2) % 3, 0]
                        ) + (1 - pi[i]) * r[i, i, 1]

    # 行列計算によるベルマン方程式の求解
    A = np.eye(3) - gamma * P
    B = np.linalg.inv(A)
    v_sol = np.dot(B, R)

    return v_sol
```

```python
# 方策反復法の計算
for step in range(100):

    # 方策評価ステップ
    v = policy_estimator(pi, p, r, gamma)

    # 価値関数 v が前ステップの値 v_prep を改善しなければ終了
    if np.min(v - v_prev) <= 0:
        break

    # 現ステップの価値関数と方策を表示
    print('step:', step, ' value:', v, ' policy:', pi)

    # 方策改善ステップ
    for i in range(3):

        # 行動価値関数を計算
        q[i, 0] = p[i] * (
            r[i, (i + 1) % 3, 0] + gamma * v[(i + 1) % 3]
        ) + (1 - p[i]) * (r[i, (i + 2) % 3, 0]
                            + gamma * v[(i + 2) % 3])
        q[i, 1] = r[i, i, 1] + gamma * v[i]

        # 行動価値関数のもとで greedy に方策を改善
        if q[i, 0] > q[i, 1]:
            pi[i] = 1
        elif q[i, 0] == q[i, 1]:
            pi[i] = 0.5
        else:
            pi[i] = 0

    # 現ステップの価値関数を記録
    v_prev = copy.copy(v)
```

● 価値反復法（Value iteration）

　方策反復法では、方策評価と方策改善のプロセスを方策が最適方策に収束するまで繰り返しました。その場合、方策評価では、その都度ベルマン方程式を解かねばならず計算コストが高くなります。方策評価と方策改善を一度に行うことが

できれば、計算コストを低く抑えられそうです。ベルマン方程式を解く代わりに、最適ベルマン方程式を解くことにすれば、その解のもとでgreedyな方策は最適方策となります。この方法を価値反復法と呼びます。最適ベルマン方程式は、右辺に最大化処理が含まれているので線形ではなく、行列演算で解析的に解を得ることはできません。逐次代入によって解を数値的に求める他ありません。

最適ベルマン方程式を解く

　会社員のMDPを価値反復法で解いてみましょう。価値関数の初期値として3成分とも0とします。これを以下の最適ベルマン方程式の右辺に代入して逐次計算を行います。

$$v_{t+1}(s) = \max_a q_{t+1}(s, a)$$
$$\pi_{t+1}(s) = \arg\max_a q_{t+1}(s, a)$$
$$q_{t+1}(s, a) = \sum_{s'} p(s'|s, a)\Big[r(s, a, s') + \gamma\, v_t(s')\Big]$$

ただし、簡単のため方策を決定論的であると仮定しました。

リスト2.2 のPythonコードを用いて150ステップ逐次計算を行ったところ、方策反復法と同じ結果が得られました。

$$\mathbf{v}_* = (25.0,\ 25.1,\ 24.8)^{\mathrm{T}}, \quad \pi_* = (move,\ move,\ move)^{\mathrm{T}}$$

リスト2.2 　価値反復法を実行するPythonコード（value_iteration.py）

```python
# 各種モジュールのインポート
import numpy as np
import copy

# MDP の設定
p = [0.8, 0.5, 1.0]

# 割引率の設定
gamma = 0.95

# 報酬期待値の設定
r = np.zeros((3, 3, 2))
```

```python
r[0, 1, 0] = 1.0
r[0, 2, 0] = 2.0
r[0, 0, 1] = 0.0
r[1, 0, 0] = 1.0
r[1, 2, 0] = 2.0
r[1, 1, 1] = 1.0
r[2, 0, 0] = 1.0
r[2, 1, 0] = 0.0
r[2, 2, 1] = -1.0

# 価値関数の初期化
v = [0, 0, 0]
v_new = copy.copy(v)

# 行動価値関数の初期化
q = np.zeros((3, 2))

# 方策分布の初期化
pi = [0.5, 0.5, 0.5]

# 価値反復法の計算
for step in range(1000):

    for i in range(3):

        # 行動価値関数を計算
        q[i, 0] = p[i] * (
            r[i, (i + 1) % 3, 0] + gamma * v[(i + 1) % 3]
        ) + (1 - p[i]) * (r[i, (i + 2) % 3, 0]
                            + gamma * v[(i + 2) % 3])
        q[i, 1] = r[i, i, 1] + gamma * v[i]

        # 行動価値関数のもとで greedy に方策を改善
        if q[i, 0] > q[i, 1]:
            pi[i] = 1
        elif q[i, 0] == q[i, 1]:
            pi[i] = 0.5
        else:
            pi[i] = 0
```

```
# 改善された方策のもとで価値関数を計算
v_new = np.max(q, axis=-1)

# 計算された価値関数 v_new が前ステップの値 v を改善しなければ終了
if np.min(v_new - v) <= 0:
    break

# 価値関数を更新
v = copy.copy(v_new)

# 現ステップの価値関数と方策を表示
print('step:', step, ' value:', v, ' policy:', pi)
```

　ここまで、環境モデルのMDPが既知の場合に、ベルマン方程式を直接的に解いて最適方策を求める方法について説明しました。しかし、実際の問題設定では環境モデルが未知の場合がほとんどです。強化学習を使えば、環境モデルのMDPが未知の場合でも、報酬信号を頼りに最適方策を学習することができます。次項以降では、強化学習による最適方策の学習法について解説します。

2.3.2　モンテカルロ法

　環境モデルのMDPが既知であれば、動的計画法により最適方策を見つけることができます。これは、バックアップ木の可能なすべての分岐について最適ベルマン方程式を再帰的に解くことを意味します。一方、環境モデルが未知の場合には、MDPの情報（状態遷移確率や報酬分布）を持ち合わせていません。したがって、エージェントは、所与の環境のもとで行動選択と報酬の受け取りを繰り返しつつ、状態・行動系列をサンプリングして探索的に最適方策を学習するしかありません。この「探索的な学習」が強化学習です。

　動的計画法の場合に、方策を評価するうえで価値関数の計算が不可欠でした。強化学習においては、環境モデルが未知なので価値関数を「推定する」しかありません。推定法には、大きく分けてモンテカルロ法とTD学習の2通りの方法があります。本項では、モンテカルロ法について説明します。

　モンテカルロ法では、状態報酬系列 $\{S_t, R_t | t = 0, \ldots, T\}$ を終端状態に至るまでサンプリングします。これは、バックアップ木の1本の枝に沿って末端まで探索することに対応しています。価値関数 $v_\pi(s)$ は、収益 G_t を状態 $S_t = s$ を起点とするバックアップ木のすべての枝にわたって計算した値の平均値として定義

されます。一方、モンテカルロ法では、エピソードごとに状態報酬系列をサンプリングしますが、この系列はバックアップ木の1本の枝に対応します（図2.5）。

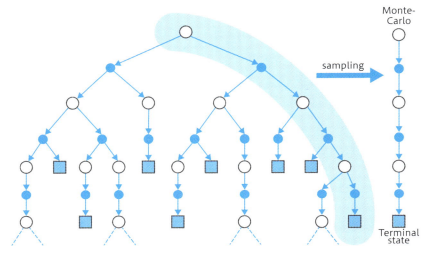

図2.5 モンテカルロ・サンプリング

そこで、価値関数の時点tにおける推定値を$V_t(s)$で表すことにします。価値関数の定義により、$V_{t+1}(s)$はサンプリングした枝に沿った収益の平均値として次式で与えられます。

$$V_{t+1}(s) = \frac{1}{N_{t+1}(s)} \sum_{k=0}^{t} G_k \, \mathbf{1}(S_k = s)$$

$$N_{t+1}(s) = \sum_{k=0}^{t} \mathbf{1}(S_k = s)$$

ここで、記号$\mathbf{1}(x)$は、任意の条件式xが真のとき1、偽のとき0となることを意味します。定義より$N_{t+1}(s)$は、サンプリングした枝を時点tまで進んだときの状態がsに等しい時点の数を意味します。ゆえに$V_{t+1}(s)$は、状態がsに等しい時点に限って収益を平均した値になります。

ところで、推定値$V_{t+1}(s)$は、以下のようにして漸化式の形に書き直すこともできます。

$$V_{t+1}(s) = V_t(s) + \frac{1}{N_{t+1}(s)}\big(G_t - V_t(S_t)\big)\mathbf{1}(S_t = s)$$

式2.17

$$N_{t+1}(s) = N_t(s) + \mathbf{1}(S_t = s)$$

ただし、$V_0(s) \equiv 0, N_0(s) \equiv 0$と定義しました。サンプリング平均の重みを任意の係数α_tに一般化することで、上記の漸化式は以下のように書き直せます。

$$V_{t+1}(s) = V_t(s) + \alpha_t(G_t - V_t(S_t))\mathbf{1}(S_t = s)$$

式2.18

右辺においてα_tを学習率と見なすと、この漸化式は、推定値$V_t(S_t)$を目標値G_tに近づけるように逐次更新しながら学習する様子を示しています。実際、学習率α_tが以下のRobbins-Monro条件、

$$\sum_{t=0}^{\infty} \alpha_t = \infty, \quad \sum_{t=0}^{\infty} \alpha_t^2 < +\infty$$

式2.19

を満たす限り、推定値$V_t(s)$の収束性が保証されますが、実用上は十分に小さなαを用いて$\alpha_t = \alpha$のように定数としても問題ありません。

最後にモンテカルロ法に関する注意点を述べておきます。漸化式 式2.18 は、一見して逐次更新式なのでオンライン学習できるように思えますが、そうではありません。目標値である収益G_tは、時刻$t+1$からエピソード終了時点までの割引報酬和なのでエピソードが完結するまで計算できないからです。モンテカルロ法は、エピソードごとのサンプリング系列が有限な長さで得られることを前提としています。エピソードタスクでないMDPについては、そもそも適用できません。

もう1つの問題点として、モンテカルロ法では推定値の偏り（バイアス、bias）が小さい反面、推定値の散らばり（バリアンス, variance）が大きくなります。バイアスとバリアンスはトレードオフの関係にあるので、バイアスが多少大きくなってもバリアンスを小さく抑える改善が望まれます。次項では、終端状態のない一般的なMDPにも適用できる学習法としてTD学習を解説します。

2.3.3　TD学習

モンテカルロ法は、価値関数の推定値をサンプリング結果の期待値で与えるので推定が容易である反面、サンプリング結果を取得するまで推定値の更新ができずオンライン学習ができないという問題がありました。そこで原点に戻って考えてみると、そもそもの課題は、環境モデルが未知のもとでいかにして価値関数を

推定するか、ということでした。

ベルマン方程式に基づく動的計画法による解法では、価値関数の再帰的方程式を逐次的に解くことで収束解が得られました。ベルマン方程式は、現時点の価値関数$v_\pi(s)$を次時点の価値関数$v_\pi(s')$から自己完結的に決定する関係式を与えるので、バックアップ木を末端まで全探索することなく解を得ることができたのです。

● ブートストラップ法の導入

もう少し詳しく見てみましょう。環境モデルのMDPを記述する条件付き確率$p(s', r|s, a)$を用いると、ベルマン方程式は以下のように表されます。

$$v_\pi(s) = \sum_a \pi(a|s) \sum_{s'} \sum_r p(s', r|s, a)\,(r + \gamma v_\pi(s'))$$

この式は、右辺に現れる$r + \gamma v_\pi(s')$が、現時点sにおける価値関数$v_\pi(s)$の次時点s'における推定値であることを意味しています。したがって、環境モデルが未知の場合でも、時点tにおける価値関数（の推定値）$V_t(S_t)$に対して、次時点の推定値$R_{t+1} + \gamma V_t(S_{t+1})$を目標値と見なして$V_t(S_t)$を更新すればよさそうです。

そこで、モンテカルロ法の漸化式 式2.18 において右辺の目標値G_tを1ステップ先の推定値に置きかえると、以下の漸化式が得られます。

$$V_{t+1}(s) = V_t(s) + \alpha\,(R_{t+1} + \gamma V_t(S_{t+1}) - V_t(S_t))\mathbf{1}(S_t = s)$$

ここで、右辺第2項に現れる目標値との差分は、TD誤差（temporal difference error）と呼ばれる量で、このTD誤差を小さくするように価値関数$V_t(s)$を推定する学習法をTD学習と呼びます。TD誤差をδ_{t+1}と表記するとTD学習の漸化式は簡単な式にまとまります。

$$\delta_{t+1} = R_{t+1} + \gamma V_t(S_{t+1}) - V_t(S_t)$$
$$V_{t+1}(s) = V_t(s) + \alpha\,\delta_{t+1}\mathbf{1}(S_t = s)$$

式2.20

TD学習の仕組みをバックアップ木で見てみましょう（ 図2.6 ）。モンテカルロ法と同様、バックアップ木の枝の1つに着目しますが、枝上のすべての状態系列をサンプリングすることはしません。ベルマン方程式と同様に、1ステップ先の状態系列の情報は、その時点の価値関数$V_t(S_{t+1})$に集約されていると見なして

TD誤差を最小化するように価値関数を更新します。この意味で、TD学習の漸化式は価値関数$V_t(S_t)$について自己完結しています。この手法が、ブートストラップ（bootstrapping）と呼ばれる所以でもあります。TD誤差は、現時点でわかっている情報しか使っていないので、オンライン学習が可能です。

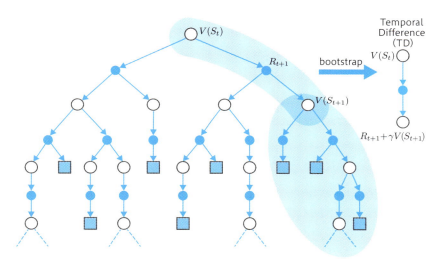

図2.6 TD学習とブートストラップ

> **MEMO 2.3**
>
> **ブートストラップ**
>
> ブートストラップとはブーツに付いているタグ状の靴紐のことで、この紐を引っ張り上げて自分自身を宙に持ち上げるという自己完結的な状況をたとえて使われます。統計学では復元抽出法を指してブートストラップと呼びますが、この場合も、同じ標本から繰り返し復元抽出していくつもの標本を再生することから、こう呼ばれます。

n-ステップTD学習

　TD学習は、ベルマン方程式にならってブートストラップを採用することで、オンライン学習が可能となりました。しかし、この方法では1ステップ先の情報しか目標値に反映されないため、推定結果の散らばり（バリアンス）が小さい反面、推定値の偏り（バイアス）が大きくなります。そこで、モンテカルロ法にな

らって**何ステップか先までサンプリングした情報**をTD誤差に取り込むことで、推定値のバイアスを軽減できると考えられます。

このアイデアをTD学習に取り込んで拡張することを考えてみましょう。TD誤差δ_{t+1}の目標値は、収益を1ステップ先までの情報と価値関数を用いて近似したものと解釈できます。そこで、時点tにおけるn-ステップ収益$G_t^{(n)}$を以下のように定義します。

$$G_t^{(n)} = R_{t+1} + \gamma R_{t+2} + \cdots + \gamma^{n-1} R_{t+n} + \gamma^n V_t(S_{t+n})$$

この量を時点tにおける価値関数の目標値と見なしてTD誤差を再定義することにより、TD学習の漸化式が以下のように拡張されます。

$$V_{t+1}(s) = V_t(s) + \alpha \left(G_t^{(n)} - V_t(S_t) \right) \mathbf{1}(S_t = s)$$

この漸化式は、nステップ先までサンプリングした情報を用いているのでオンライン学習はできませんが、目標値がより多くの情報を含んでいるので推定値のバイアスが小さくなると期待できます。この学習法をn-ステップTD学習と呼びます。モンテカルロ法は、$n \to \infty$の極限に対応し、1-ステップTD学習に限ってオンライン学習が可能となります。

● TD(λ)法

TD学習にサンプリングを取り込んでブートストラップを改善した反面、オンライン学習ができないというジレンマが生じました。実は、このジレンマを解消するアイデアがあります。この後で解説するTD(λ)法と適格度トレースの2つを組合せることで解消できます。

モンテカルロ法とTD学習を統一的に扱うために、n-ステップ収益をパラメータλのべき乗で加重平均した**λ-収益**を次式により定義します（ 図2.7 ）。

$$G_t^{\lambda} = (1 - \lambda) \sum_{n=1}^{T-t} \lambda^{n-1} G_t^{(n)} + \lambda^{T-t} G_t \qquad \text{式2.21}$$

このλ-収益を目標値とする価値関数の学習法を**TD(λ)法**と呼びます。

$$V_{t+1}(s) = V_t(s) + \alpha \left(G_t^{\lambda} - V_t(S_t) \right) \mathbf{1}(S_t = s) \qquad \text{式2.22}$$

目標値 G_t^λ は、$\lambda = 0$ のとき 1- ステップ TD 学習の目標値 $G_t^{(1)}$ に一致し、$\lambda = 1$ のときモンテカルロ法の目標値 G_t に一致します。この意味で、TD(λ) 法は、いわゆる TD 学習を意味する TD(0) 法とモンテカルロ法を意味する TD(1) 法をパラメータ λ の境界値として包含しています。

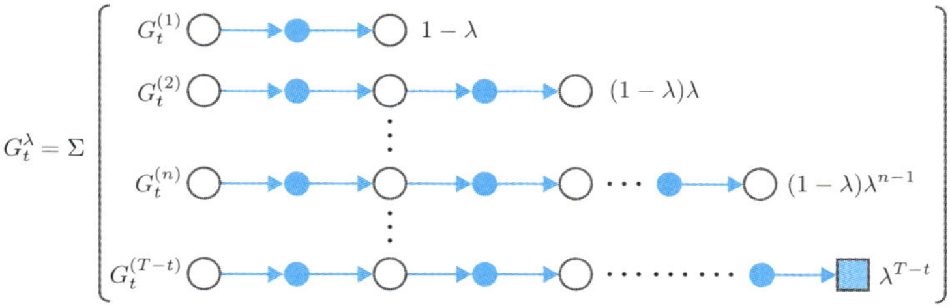

図 2.7 λ- 収益

● TD(λ)法のオンライン学習

TD(λ) 法の TD 誤差は異なる時点のサンプリング結果を取り込んでいるため、オンライン学習できないという問題点がありました。この事情を理解するために、n- ステップ TD 誤差を 1- ステップ TD 誤差 δ_t に分解してみましょう。n- ステップ収益の定義より、以下の展開式が成り立つことがわかります。

$$
\begin{aligned}
G_t^{(n)} - V_t(S_t) &= \sum_{k=t}^{t+n-1} \gamma^{k-t} \delta_{k+1} - \sum_{k=t}^{t+n-2} \gamma^{k-t+1} \left[V_k(S_{k+1}) - V_{k+1}(S_{k+1}) \right] \\
&\quad - \gamma^n \left[V_{t+n-1}(S_{t+n}) - V_t(S_{t+n}) \right] \\
&= \delta_{t+1} + \gamma \delta_{t+2} + \cdots + \gamma^{n-1} \delta_{t+n} + \mathcal{O}(\alpha)
\end{aligned}
$$

式 2.23

第 1 式の右辺第 2 項、第 3 項は、価値関数がステップごとに逐次更新される場合には、価値関数の差分が学習率 α に比例するので一般に 0 にはなりません。したがって、$\mathcal{O}(\alpha)$ の誤差を無視する近似の意味において、時点 t における n- ステップ TD 誤差が、時点 t 以降の n 個の 1- ステップ TD 誤差の割引級数和に展開できることを意味します（**図2.8**）。

TD(λ) 誤差の 1- ステップ TD 誤差による展開式も、n- ステップ収益の展開式 **式2.23** と λ- 収益の定義式 **式2.21** から導くことができます。結果は以下のように表されます。

$$G_t^\lambda - V_t(S_t) = \sum_{k=t}^{T-1} (\lambda\gamma)^{k-t} \delta_{k+1} + \mathcal{O}(\alpha)$$
$$= \delta_{t+1} + (\lambda\gamma)\delta_{t+2} + \cdots + (\lambda\gamma)^{T-t-1}\delta_T + \mathcal{O}(\alpha) \quad \text{式2.24}$$

右辺は、$\mathcal{O}(\alpha)$ の誤差を除いて割引率を $\lambda\gamma$ と見なしたときのTD誤差の割引級数和に展開できています。

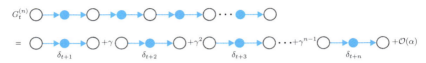

図2.8 n-ステップ収益の級数展開

さて、以上の結果を踏まえて1エピソードにおけるTD（λ）誤差の総和を求めてみましょう。 式2.24 の両辺に指示関数 $\mathbf{1}(S_t = s)$ を掛けてエピソードの開始時点0から終了時点の直前 $T - 1$ まで和を取ると以下の結果を得ます。

$$\sum_{t=0}^{T-1} \left(G_t^\lambda - V_t(S_t)\right) \mathbf{1}(S_t = s) = \sum_{k=0}^{T-1} \delta_{k+1} E_{k+1}(s) + \mathcal{O}(\alpha) \quad \text{式2.25}$$

右辺に現れる $E_{k+1}(s)$ は、**適格度トレース（eligibility trace）** と呼ばれるもので次式で定義されます。

$$E_{k+1}(s) = \sum_{t=0}^{k} (\lambda\gamma)^{k-t} \mathbf{1}(S_t = s)$$
$$\equiv \mathbf{1}(S_k = s) + \lambda\gamma\,\mathbf{1}(S_{k-1} = s) + \cdots + (\lambda\gamma)^k \mathbf{1}(S_0 = s) \quad \text{式2.26}$$

変換式 式2.25 の両辺で和記号の添え字が異なるのには意味があります。左辺は、時間発展を添え字 t の更新として捉える**前方観測的な見方（forward view）**であり、右辺は、時間発展を添え字 k の更新として捉える**後方観測的な見方（backward view）**に対応しています。実際、左辺に現れる λ-収益が時点 t 以降（前方）の割引報酬和であるのに対して、右辺に現れる適格度トレースは、時点 k 以前（後方）の指示関数の和として定義されています（ 図2.9 ）。

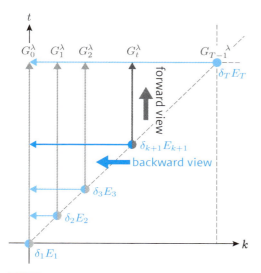

図2.9 前方観測的な見方と後方観測的な見方

　後方観測的な見方に立てば、価値関数の推定は過去の情報にしかよらないので、近似的にですがTD(λ)法の**オンライン学習**が可能となります。更新式は以下のように1-ステップTD学習の更新式 式2.20 と同様に記述できます。

$$V_{t+1}(s) = V_t(s) + \alpha\, \delta_{t+1} E_{t+1}(s)$$
$$E_{t+1}(s) = \lambda\gamma\, E_t(s) + \mathbf{1}(S_t = s)$$

式2.27

　適格度トレースの更新式が、定義式 式2.26 を再現することは容易に確かめられます。また、この更新式で$\lambda = 0$と置いたTD(0)法は、1-ステップTD学習 式2.20 を再現しています。$\lambda = 1$と置いて得られるTD(1)法については、$\mathcal{O}(\alpha)$の補正を無視する近似において、モンテカルロ法と一致します。厳密な意味での等価性を保証するには、価値関数の更新をエピソード進行中には行わず、エピソード終了時点においてのみ行うよう更新則を変更する必要があります。

Part 1_基礎編　　Part 2_応用編

2.4 モデルフリーな制御

前節では、モデルフリーな状況のもとで価値関数を推定する方法について説明しました。強化学習の目的は、所与の環境のもとでエージェントの行動を最適化する、すなわち制御することです。本節では、強化学習によるモデルフリーな制御としてSARSA、Q学習、方策勾配法、Actor-Critic法について解説します。

2.4.1　方策改善へのアプローチ

　価値関数は、動的計画法の方策反復法のように、その時点のエージェントの方策を評価することはできますが、方策を改善することはできません。方策を改善するには、推定された価値関数 $V_t(s)$ をもとに行動価値関数 $q_\pi(s, a)$ の推定値 $Q_t(s, a)$ を計算する必要があります。しかし、その計算には環境モデルの状態遷移確率 $p(s'|s, a)$ が必要となります。モデルフリーな状況では、MDPを記述する $p(s'|s, a)$ は未知なので、価値関数から計算によって $Q_t(s, a)$ を求めることは不可能です。

　こうした事情から、モデルフリーな状況でのエージェント制御の方法として、以下の2つのアプローチが考えられます。

1. 行動価値関数 $Q_t(s, a)$ をモンテカルロ法やTD(λ)法により直接的に推定して、この関数のもとで最適な行動を選ぶよう方策を改善する
2. 方策の条件付き確率 $\pi(a|s)$ を直接的に推定して、価値関数の推定値 $V_t(s)$ による方策評価を参考にしつつ方策を改善する

　1番目のアプローチは、価値ベースのアプローチと言えます。一方、2番目のアプローチは、方策そのものを探索しつつ改善するので方策ベースのアプローチと言えます。特に、価値関数による方策評価を方策探索に反映する方法は、Actor-Critic法と呼ばれ、価値ベースと方策ベースのハイブリッドなアプローチと言えます。本節では、これら3つのアプローチについて解説します。

2.4.2　価値ベースの手法

　モデルフリーな状況では、状態遷移確率が未知であるため行動価値関数（以後、

簡単のためQ関数と呼ぶ）を直接的に推定しなければなりません。推定法としては、前節で価値関数について説明したモンテカルロ法やTD学習をQ関数の推定にも適用することができます。モンテカルロ法については、バックアップ木の1本の枝に沿って状態行動系列をサンプリングすればよいので自明です。本項では、Q関数のTD学習としてQ学習とSARSAを紹介します。また、推定されたQ関数に基づく方策改善法としてε-greedy法についても解説します。

● Q関数による制御

　最初にQ関数に基づく方策改善法について説明します。環境モデルが既知の場合には、可能なすべての状態と行動の組合せについてQ関数が計算できるので、Q関数についてgreedyな方策 式2.14 を採用すればよいのでした。しかし、環境モデルが未知の場合、その時点までに観測された状態行動系列にしたがってQ関数を推定するしかないので、Q関数についてgreedyな方策が最適であるとは保証されません。

　問題を明らかにするため簡単な事例として状態数が1で行動数が$M > 1$であるMDPを考えます。この問題設定は、バンディット問題と呼ばれているもので、MDPはM本のアームを持つ1台のスロットマシン（バンディット）にたとえられます（図2.10）。アームを引いて当たれば報酬+1を獲得できますが、当たる確率はアームによって異なります。指定された試行回数において、報酬総額（収益）を最大化することが課題です。

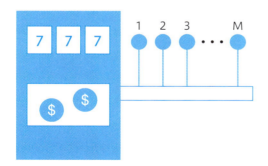

図2.10　M本のアームのあるバンディット

　この問題設定では、Q関数は、その時点におけるアームaの報酬期待値$Q(a)$として定義できます。エージェントの取るべき戦略（方策）として、例えば、最初の$10M$回はアームを10回ずつ選んで$Q(a)$の推定に必要な情報を収集します。これを強化学習では探索（exploration）と言います。$10M + 1$回目以降は探

索結果から計算された報酬期待値$Q(a)$が最大であるアームを選択します。強化学習では、これを探索結果の活用（exploitation）と言います。

この戦略が間違っていることは明らかです。最適なアームa^*が10回の試行において運悪く当たりが出る回数が少なかった場合、$Q(a^*)$が他のアームよりも小さく見積もられてしまいます。$Q(a)$について greedy な選択が最適とは限らないわけです。

$$a^* \neq \arg\max_a Q(a)$$

それでは、探索回数を増やせば改善できるかと言うと、試行できる回数は有限なので活用機会が減ってしまい最終的な収益が少なくなる可能性もあります。

探索と活用のトレードオフを踏まえた上でエージェントが取るべき戦略は、探索と活用をバランスよく実施することです。その1つの方法として、ε-greedy 法があります。

> ε-greedy 法：確率εで無作為に行動を選択し、確率$1 - \varepsilon$で greedy 法により行動を選択する

方策が確率的な場合も含めて、ε-greedy 法を数式で表すと以下のように書けます。

$$\pi(a|s) = \begin{cases} (1 - \varepsilon)/|\mathcal{A}^*(s)| + \varepsilon/M & \text{for} \quad a \in \mathcal{A}^*(s) \\ \varepsilon/M & \text{otherwise} \end{cases}$$

$$\mathcal{A}^*(s) = \left\{ a_* \text{ s.t. } a_* = \arg\max_a Q(s, a) \right\}$$

式2.28

ここでεは指定されたパラメータであり問題に応じて調整する必要があります。学習が進むにつれてεが減衰するようスケジューリングする工夫も考えられます。

探索と活用をバランスさせる他の戦略として、以下のボルツマン探索（Boltzmann exploration）があります。

$$\pi(a|s) = \frac{\exp\left(\beta Q(s, a)\right)}{\sum_{a'} \exp\left(\beta Q(s, a')\right)}$$

Q関数をエネルギー、パラメータβを温度の逆数と見なすと統計力学のボルツ

マン分布に等しいのでこう呼ばれます。βが無限大になる極限でgreedy法を再現します。アニーリング（焼きなまし法）のように学習が進むにつれて温度パラメータβ^{-1}が減衰するようスケジューリングするなどの工夫が考えられます。

● 方策オン型／方策オフ型

ここで、エージェントが価値関数の推定時にしたがう方策の意味について再考してみましょう。これまで、モンテカルロ法におけるサンプリングやTD学習におけるブートストラップにおいて、価値関数推定の誤差関数は、エージェントの実際の行動として観測された状態および報酬から決定されるものでした。

1-ステップTD誤差δ_{t+1}について考えてみましょう。エージェントが状態S_tにおいて選択した行動A_tに対して、未知の環境モデルが次状態S_{t+1}と即時報酬R_{t+1}を生成します。δ_{t+1}は、エージェントの行動によって取得された状態・報酬の系列(S_t, R_{t+1}, S_{t+1})と、時点tの価値関数$V_t(s)$だけから定義されています。

$$\delta_{t+1} = R_{t+1} + \gamma V_t(S_{t+1}) - V_t(S_t)$$

しかし、TD誤差を計算する上で、次状態S_{t+1}は必ずしもエージェントの観測された状態に一致する必要はありません。観測された状態S_{t+1}の代わりに、観測されていない状態S'_{t+1}を用いることも可能です。所与の状態のもとで行動を決定するのは方策ですから、上記の考え方は、観測状態を決めている方策とは異なる方策に基づいて次状態を選ぶことを意味します。

強化学習では、エージェントの観測された状態・行動系列を決定する方策のことを挙動方策（behavior policy）と呼びます。それに対して、誤差関数の計算において探索的に次状態を選ぶための方策を推定方策（target policy）と呼びます。さらに、推定方策として挙動方策を採用する学習法を方策オン型学習（on-policy learning）、推定方策として挙動方策とは異なる方策を採用する学習法を方策オフ型学習（off-policy learning）と呼びます。以下にまとめます。

TD誤差：$\delta_{t+1} = R_{t+1} + \gamma V_t(S'_{t+1}) - V_t(S_t)$に対して、

- 方策オン型：$S'_{t+1} = S_{t+1}$は、観測状態を生成する挙動方策にしたがう
- 方策オフ型：$S'_{t+1} \neq S_{t+1}$は、挙動方策と異なる推定方策にしたがう

● SARSA：方策オン型制御

　Q関数のTD(0)法による学習を考えてみましょう。TD(0)法はブートストラップによる近似法でありバックアップ木の1-ステップ差分からTD誤差を定義しました。バックアップ木が2部グラフであり、状態ノード（白丸）と行動ノード（青丸）とが互いに双対であることを思い出してください。価値関数の場合、ブートストラップは、状態ノードを始点と終点に持つ直線グラフに対応しました。Q関数のブートストラップでは、その双対グラフを考えればよいので、行動ノードを始点と終点に持つグラフが対応します（図2.11）。

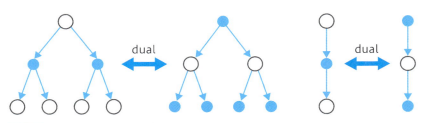

図2.11 バックアップ木の双対グラフ

　ブートストラップのバックアップ木にしたがってQ関数の更新式を書き下すと、以下のように書けます。

$$\delta_{t+1} = R_{t+1} + \gamma Q_t(S_{t+1}, A_{t+1}) - Q_t(S_t, A_t)$$
$$Q_{t+1}(s,a) = Q_t(s,a) + \alpha\,\delta_{t+1}\mathbf{1}(S_t = s, A_t = a)$$

式2.29

　この更新式は、対応するバックアップ木に沿って状態・行動・報酬の系列が、(s, a, r, s', a')の順に並ぶので SARSA と呼ばれます（図2.12）。この更新式によりQ関数を更新したのちε-greedy法などにより方策改善を行い、次状態S_{t+1}から次の行動A_{t+1}を生成します。以上の過程をQ関数および方策πがともに収束するまで繰り返します。

図2.12 SARSAのブートストラップ

> ## ⓘ ATTENTION 2.3
>
> ### SARSAでQ関数を学習する際の注意点
>
> 　実際にSARSAでQ関数を学習する際には、Q関数の収束を確認しなくても方策
> が改善されなくなった時点で学習を終了します。学習が成功したかどうかは、学習結
> 果を用いて制御を実施して、目的のタスクが実現できていれば成功と見なします。

　SARSAは、n-ステップTD学習やTD(λ)法にも自然に拡張できます。SARSA
におけるn-ステップ収益はQ関数から以下のように定義できます。

$$G_t^{(n)} = R_{t+1} + \gamma R_{t+2} + \cdots + \gamma^{n-1} R_{t+n} + \gamma^n Q_t(S_{t+n}, A_{t+n})$$

　上記のn-ステップ収益からλ-収益も前節と同じ式 **式2.21** により定義できま
す。これを用いてSARSA(λ)の前方観測的な更新式が以下の通り記述できます。

$$Q_{t+1}(s,a) = Q_t(s,a) + \alpha\big(G_t^\lambda - Q_t(S_t, A_t)\big)\mathbf{1}(S_t = s, A_t = a)$$

　さらに、拡張された適格度トレース$E_t(s,a)$を定義することで、SARSA(λ)の
後方観測的な更新式も以下の通り記述できます。

$$Q_{t+1}(s,a) = Q_t(s,a) + \alpha\,\delta_{t+1} E_{t+1}(s,a)$$
$$E_{t+1}(s,a) = \lambda\gamma\,E_t(s,a) + \mathbf{1}(S_t = s, A_t = a)$$

　SARSAが方策オン型制御であることは、更新式 **式2.29** におけるTD誤差の定
義から明らかです。それでは、Q関数の推定において方策オン型制御と方策オフ
型制御の違いについて、具体的に見てみましょう。方策オフ型制御においては、
更新式の右辺に現れるTD誤差において、次時点の状態S_{t+1}および行動A_{t+1}は
必ずしも観測された状態・行動系列である必要はありません。

> TD誤差：$\delta_{t+1} = R_{t+1} + \gamma\,Q_t(S'_{t+1}, A'_{t+1}) - Q_t(S_t, A_t)$に対して、
>
> - 方策オン型：$(S'_{t+1}, A'_{t+1}) = (S_{t+1}, A_{t+1})$は、状態、行動ともに挙動方
> 策により生成される
> - 方策オフ型：$(S'_{t+1}, A'_{t+1}) \neq (S_{t+1}, A_{t+1})$のうち、行動$A'_{t+1}$のみ、また
> は状態S'_{t+1}と行動A'_{t+1}の両方が推定方策によって決まる

Q関数の方策オフ型学習としては、状態S'_{t+1}は観測状態ですが行動A'_{t+1}が観測とは異なる行動を選択する場合と、状態・行動ともに観測されたのとは異なる場合とがあり得ます。次に解説するQ学習が前者に相当します。後者の例としては、Q関数を2つ用意して、一方を推定方策用、他方を挙動方策用に用いる例があります。SARSAについても方策オフ型学習を原理的には適用はできますが、実装のシンプルさから方策オン型学習として扱うのが一般的です。

SARSA学習の収束性は、一定の条件のもとで保証されています。

> 定理2.1：以下の条件を満たすときSARSAのもとでQ関数は最適行動価値関数$q_*(s, a)$に収束する
>
> ● 方策が、無限に探索を繰り返す極限においてgreedy方策に収束する
> ● 学習率がRobbins-Monro条件にしたがう

Robbins-Monro条件 式2.19 は、学習率αがステップ数に依存して減衰することを要求しますが、実用上は定数として使用されることが多いです。

● Q学習：方策オフ型制御

SARSAにおいて見たように、Q関数の推定が方策オン型か方策オフ型かはTD誤差の定義によります。SARSAでは、TD誤差δ_{t+1}は、観測された状態・行動・報酬の系列だけで定義されているので方策オン型学習でした。そこで、TD誤差の定義を少し変えて方策オフ型のQ関数推定を考えてみましょう。

所与のQ関数のもとで最適な行動は、Q関数についてgreedyな行動です。そこで、TD誤差の定義において、挙動方策にしたがう次時点の行動A_{t+1}をQ関数について最適な行動で置きかえてみます。

$$A_{t+1} \to A'_{t+1} = \arg \max_a Q_t(S_{t+1}, a)$$

この操作は、結局のところTD誤差に現れる次時点のQ関数の最大値を選ぶことと同じです。そこで方策オフ型の更新式が以下のように定義できます。

$$\delta_{t+1} = R_{t+1} + \gamma \max_{a'} Q_t(S_{t+1}, a') - Q_t(S_t, A_t) \qquad \text{式2.30}$$

$$Q_{t+1}(s, a) = Q_t(s, a) + \alpha \, \delta_{t+1} \mathbf{1}(S_t = s, A_t = a) \qquad \text{式2.31}$$

この更新式によるQ関数の学習を、Q学習（Q-learning）と呼びます。次状

態は観測状態S_{t+1}ですが、その状態における行動選択がgreedyな推定方策にしたがっています。この意味において、Q学習は本質的に方策オフ型学習であることがわかります（**図2.13**）。挙動方策の更新は、SARSAと同様に、推定されたQ関数に基づくε-greedy法にて行います。

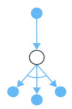

図2.13 Q学習のブートストラップ

　SARSAは、方策オン型学習であるためn-ステップTD学習やTD(λ)法への拡張は自明でした。推定方策が挙動方策と一致しているのでバックアップ木は一直線であり、それに沿って先読みステップを伸ばしていけばよいからです。これに対してQ学習は、推定方策が挙動方策と異なるのでn-ステップTD学習やTD(λ)法への拡張は自明ではありません。しかし、Q学習においては、方策オフ学習の特徴を踏まえた工夫が可能となります。

　そのような工夫の1つとして**経験再生（experience replay）**と呼ばれる方法を紹介します。方策オン型／オフ型によらず、観測される状態・行動・報酬系列において前後の状態は互いに強く相関しています。特にQ関数をニューラルネットワークなどで関数近似する場合、パラメータの更新が直近の観測結果の影響を受けて推定値のバイアスが大きくなり、なかなか収束しない事態に陥ります。こうした状況を避ける工夫として、観測された系列データを貯めておいて、Q関数を推定する際にそれらから無作為にサンプル抽出するというアイデアが提案されました[5]。抽出されたサンプル系列は、自己相関がないので、これを推定方策として学習することで学習が収束しやすくなります（詳細は**4.2節**のDQNの解説を参照）。

　最後にQ学習の収束性について述べておきます。Q関数がすべての状態・行動ペアについてテーブルとして定義されている場合、以下の定理が成り立ちます。

定理2.2：Q学習においてQ関数は最適行動価値関数$q_*(s, a)$に収束する

---

[5] L.-J. Lin, "Self-Improving Reactive Agents Based On Reinforcement Learning, Planning and Teaching", Machine Learning 9 (1992) pp293-321.

残念なことに、この定理はQ関数をニューラルネットワークなどで関数近似する場合には成立しませんが、実用上はDQNなど関数近似を用いた手法がゲーム制御において優れた結果を出しています（詳細は**4.2節**を参照）。

2.4.3 方策ベースの手法

環境モデルが既知の場合、方策反復法により方策を繰り返し改善することで最適な方策を見つけることができました。方策反復法では、方策πのもとで厳密なQ関数q_πを計算する方策評価ステップと、計算された$q_\pi(s,a)$のもとで方策πをgreedyにする方策改善ステップを、Q関数と方策πがそれぞれq_*とπ_*に収束するまで交互に繰り返します（図2.14）。

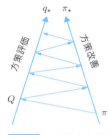

図2.14 一般的な方策反復法

モデルフリーな状況では、方策πからQ関数を直接には計算できませんが、Q関数さえ得られれば、Q関数について方策πがgreedyになるよう改善できます。そこで、価値ベースの手法では、Q関数をモンテカルロ法やTD学習により推定して、推定されたQ関数のもとでε-greedy法などによって方策πを改善しました。モデルフリーな方策反復法へのもう1つのアプローチとして、方策ベース手法があります。それは、方策πを直接的にモデル化してQ関数を反映しつつ最適なπを学習する方法です（図2.15）。本項では、方策ベース手法について解説します。

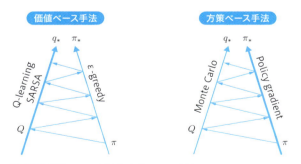

図2.15 価値ベース手法と方策ベース手法

方策ベース手法の特徴

はじめに、方策ベース手法の利点について見てみましょう。利点としては、以下の2点が挙げられます。

- 行動空間が高次元または連続である場合にも有効である（具体例は、**第5章**を参照）
- 決定論的方策だけでなく確率的方策も学習できる（具体例は、**第6章**、**第7章**を参照）

方策 $\pi(a|s)$ を状態変数を引数とする関数として直接的にモデル化するので、たとえ行動空間が高次元または連続であっても、状態変数さえ与えられれば行動を決定することができます。価値ベース手法の場合、ε-greedy 法にしてもボルツマン探索にしても、所与の状態について Q 関数 $Q(s,a)$ が最大となる行動を見つけるために、行動空間の全点にわたって Q 関数を計算しておく必要があります。行動空間が高次元の場合、Q 関数のテーブルも高次元になり計算負荷が次元数のべき乗で大きくなります。

また、連続な行動空間は、非可算無限個の点からなるので、すべての連続値について Q 関数を計算することは事実上不可能です。一定の幅で区切るなど、何らかの方法により連続空間を離散化しない限り Q 関数は計算できません。このように価値ベース手法は、そもそも連続な行動空間の制御に向いていません（**図2.16**）。連続な行動空間の制御については、**第5章**で具体的に解説します。

さらに、方策 $\pi(a|s)$ を関数として直接的にモデル化するので決定論的方策も確率的方策も柔軟に表現できます。確率的方策の場合、方策 $\pi(a|s)$ が確率または確率密度としての性質を満たすようにモデル化すれば、所与の状態 s について確率分布 $\pi(a|s)$ によりサンプリングすることで確率的に行動を決定することができます。「じゃんけん」のように、最適方策が確率的（3つの手をランダムに選ぶから）である場合も、最適方策を学習することができます。また、決定論的方策の場合には、方策を状態変数 s の関数 $\pi(s)$ としてモデル化して、行動 a をその関数出力と定義すれば、そのままで決定論的方策 $a \equiv \pi(s)$ を学習することになります。

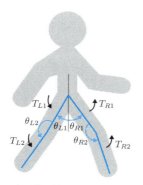

行動変数は、各関節に働くトルク T_{L1}, T_{L2}, T_{R1}, T_{R2}

図2.16 行動空間が連続である例：ロボット歩行

次に、方策ベース手法の欠点を見てみましょう。欠点としては、以下の2点が挙げられます。

- 一般的に、大域的な最適解よりも局所的な最適解に陥りやすい
- 方策評価が非効率的でありバリアンスも大きい

最初の欠点は、方策ベース手法では、一般的に状態・行動系列を生成する挙動方策が最適化対象である推定方策でもあるため、方策が決定論的であるか、確率的であっても特定の行動を選ぶ確率が小さい場合には、十分な探索が行われず局所最適解に陥りやすくなります。また、挙動方策は、最初からQ関数について最適ではないので方策評価は非効率的であり、選ばれる行動変数の散らばり（バリアンス）も大きくなります。以上の利点や欠点を考慮した上で、方策のモデル化を考える必要があります。

● 方策のパラメータ表現

ところで、方策 π のモデル化はなぜ必要なのでしょうか？　そもそもQ関数は、その時点における収益の方策 π に関する期待値として定義されています。モデルフリーな状況では、挙動方策はサンプリングやブートストラップで得られた状態・行動・報酬系列に反映されているので、Q関数は観測結果さえあれば理論上では計算できます。一方、方策は、MDPにおいてエージェントの行動を決定するものとして前提されていますが、具体的には何も定義されていないからです。

そこで、方策を具体的な関数としてモデル化することになります。ここで言うモデルとは、状態変数 s を入力、行動変数 a を出力とする確率分布関数のことで

あり、その関数形は何らかのパラメータ（例えばθ）によって規定されます。モデル化の例として、**特徴量**$\xi(s,a)$のパラメータθによる線形結合から定義される**ギブス方策（Gibbs policy）**などが知られています。

$$\pi(a|s,\theta) = \frac{\exp(\theta \cdot \xi(s,a))}{\sum_{a'} \exp(\theta \cdot \xi(s,a'))}$$

式2.32

方策をニューラルネットで近似する場合、その出力層は**softmax**関数で定義されますが、それはギブス方策で特徴量の線形結合を非線形な関数に置きかえたものに対応します。また、その際、パラメータθは、ニューラルネットの重み係数に対応します（**図2.17**）。ただし、ギブス方策は、行動空間が離散である場合にしか適用できません。連続な行動空間の場合には、正規分布によるモデル化が適用されます（詳細は**第5章**を参照）。

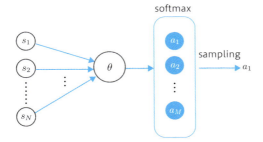

図2.17 確率的方策のモデル化（離散行動空間）

こうして、方策πがパラメータθの関数としてモデル化されましたが、最適な方策を学習するには方策の更新式が必要です。方策はパラメータθで特徴付けられるので、それはθの更新式として定義されます。また、その更新式は何らかの形でQ関数の情報を反映している必要があります。最適な方策π_*は、同時に最適な行動価値関数q_*を実現するはずだからです。

実は、この後で説明する方策勾配定理により、方策パラメータθがQ関数と関係づけられます。この定理のおかげで、方策ベースの手法においても、Q関数を反映した方策改善が可能になるのです。

● 方策勾配法

方策パラメータθの更新式を得るには、目的関数$J(\theta)$が必要です。目的関数が決まれば、学習率をαとして、更新式が以下のように表されます。

$$\theta_{t+1} = \theta_t + \alpha \nabla_\theta J(\theta_t)$$

式2.33

ここで、∇_θは、θを多次元ベクトルとしてθに関する偏微分ベクトルを表します。

$$\nabla_\theta \equiv \left(\frac{\partial}{\partial \theta_1}, \frac{\partial}{\partial \theta_2}, \cdots, \frac{\partial}{\partial \theta_M} \right)^{\mathrm{T}}$$

方策を学習する目的は、エージェントの行動を最適化して期待収益を最大化することです。そこで、学習開始時の状態s_0での期待収益は、その時点の方策$\pi(a|s_0, \theta)$のもとで計算された価値関数$v_\pi(s_0)$なので、これを目的関数$J(\theta)$として定義するのがよさそうです。

$$J(\theta) = v_\pi(s_0) \equiv \mathbb{E}_\pi[G_t | S_t = s_0]$$

式2.34

実際に、この定義式をパラメータθで微分して、以下の方策勾配定理を証明できます（証明は MEMO 2.4 を参照）。

> 定理2.3：パラメータθについて微分可能な任意の方策$\pi(a|s,\theta)$、および 式2.34 で定義される目的関数$J(\theta)$について、目的関数の方策パラメータに関する勾配$\nabla_\theta J(\theta)$は次式で表される[6]。
>
> $$\nabla_\theta J(\theta) = \mathbb{E}_\pi \left[(\nabla_\theta \log \pi(a|s, \theta)) q_\pi(s, a) \right]$$
>
> 式2.35

この定理の意味について考えてみましょう。右辺には、方策関数πの対数微分があります。方策はパラメータθについて尤度の意味合いを持つので、方策関数の対数微分は、対数尤度の方策パラメータに関する微分、いわゆるスコア関数に等しいことがわかります。つまり、方策勾配は、状態行動ペア(s,a)に対して対数尤度を最大化する方向を向いています。しかし、Q関数$q_\pi(s,a)$を考慮すると、Q関数が大きい値を取る状態行動ペアの尤度を重視すべきです。そこで、右辺ではスコア関数にQ関数$q_\pi(s,a)$を重み係数として積算して期待値を取っています（ 図2.18 ）。こうすることで、Q関数による方策評価を取り込んだ方策改善（$\nabla_\theta J(\theta)$によるパラメータθの更新）が実現できるわけです。

※6　R.S. Sutton, D.A. McAllester, S.P. Singh and Y. Mansour, "Policy gradient methods for reinforcement learning with function approximation", Advances in Neural Information

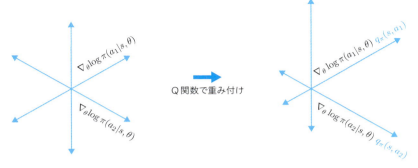

図2.18 方策勾配定理の概念図

 MEMO 2.4

方策勾配定理の証明

ベルマン方程式 式2.9 は、方策 π を介してのみ θ に依存するとして、両辺を θ で微分します。

$$\nabla_\theta v_\pi(s) = \sum_a \bigl(\nabla_\theta \pi(a|s,\theta)\bigr) q_\pi(s,a) + \sum_a \pi(a|s,\theta) \nabla_\theta q_\pi(s,a) \quad \text{式m.1}$$

右辺第2項のQ関数の微分は、ベルマン方程式 式2.8 を微分して計算できます。

$$\nabla_\theta q_\pi(s,a) = \gamma \sum_{s'} p(s'|s,a) \nabla_\theta v_\pi(s')$$

これを 式m.1 に代入してQ関数の微分を消去します。

$$\nabla_\theta v_\pi(s) = \sum_a \bigl(\nabla_\theta \pi(a|s,\theta)\bigr) q_\pi(s,a) + \gamma \sum_{s'} \sum_a \pi(a|s,\theta)\, p(s'|s,a) \nabla_\theta v_\pi(s') \quad \text{式m.2}$$

この方程式は、価値関数の微分 $\nabla_\theta v_\pi(s)$ について再帰的な方程式であり、解析的に解くことができます。そこで、式展開を簡単化するために以下の記法を導入します。

$$[\mathbf{h}]_s = \sum_a \bigl(\nabla_\theta \pi(a|s,\theta)\bigr) q_\pi(s,a)$$

$$[\mathbf{P}]_{ss'} = \sum_a \pi(a|s,\theta)\, p(s'|s,a)$$

$$[\mathbf{g}]_s = \nabla_\theta v_\pi(s) \quad \text{式m.3}$$

再帰方程式 式m.2 は、以下のベクトル方程式として表せます。

$$\mathbf{g} = \mathbf{h} + \gamma \mathbf{P} \mathbf{g}$$

この方程式は、以下のようにベクトル$\mathbf{g}$を右辺に再帰的に代入することで解くことができます。

$$\mathbf{g} = \mathbf{h} + \gamma\mathbf{P}\big(\mathbf{h} + \gamma\mathbf{P}\left(\mathbf{h} + \gamma\mathbf{P}\right)(\cdots)\big)$$
$$= \big(\mathbf{1} + \gamma\mathbf{P} + \gamma^2\mathbf{P}^2 + \gamma^3\mathbf{P}^3 + \cdots\big)\mathbf{h} = \sum_{k=0}^{\infty}\gamma^k\mathbf{P}^k\,\mathbf{h} \qquad \text{式 m.4}$$

ここで、方策πにしたがって状態sから状態s'に遷移する確率$d^\pi(s, s')$を定義します。

$$d^\pi(s, s') = \sum_{k=0}^{\infty}\gamma^k\left[\mathbf{P}^k\right]_{ss'} \equiv \sum_{k=0}^{\infty}\gamma^k p(s, s'; \pi, k)$$
$$p(s, s'; \pi, k) = \prod_{l=0}^{k}\sum_{s_{l+1}}\sum_{a_l}\pi(a_l|s_l, \theta)\,p(s_{l+1}|s_l, a_l) \qquad \text{式 m.5}$$

再帰方程式の解 式 m.4 に 式 m.3 、 式 m.5 を代入して以下の式が得られます。

$$\nabla_\theta v_\pi(s) = \sum_{s'}d^\pi(s, s')\sum_a\big(\nabla_\theta\pi(a|s', \theta)\big)q_\pi(s', a)$$

ここで$s = s_0$として$d^\pi(s') \doteq d^\pi(s_0, s')$と再定義し、目的関数が$J(\theta) \equiv v_\pi(s_0)$であることを考慮すると、以下のように方策勾配定理が導かれます。

$$\nabla_\theta J(\theta) = \sum_s d^\pi(s)\sum_a\big(\nabla_\theta\pi(a|s, \theta)\big)q_\pi(s, a)$$
$$= \sum_s d^\pi(s)\sum_a\pi(a|s, \theta)\big(\nabla_\theta\log\pi(a|s, \theta)\big)q_\pi(s, a)$$
$$\equiv \mathbb{E}_\pi\big[\big(\nabla_\theta\log\pi(a|s, \theta)\big)q_\pi(s, a)\big]$$

最後の恒等式では、方策πによる期待値が次式で定義されることを用いました。

$$\mathbb{E}_\pi[f(s, a)] = \sum_s d^\pi(s)\sum_a\pi(a|s, \theta)f(s, a)$$

ここで$f(s, a)$は状態・行動ペアに関する任意の関数です。

● アドバンテージ関数

方策勾配定理に現れるＱ関数のバリアンスが大きいと、方策πの学習がなかなか収束しないという問題があります。Ｑ関数のバリアンスが大きくなる原因は、Ｑ関数が状態変数sと行動変数aの両方に依存するため変数ごとのバリアンスが重なってＱ関数のバリアンスを大きくしているためです。これを抑えるには、状態空間のバリアンスを吸収するような何らかのベースライン関数$b(s)$を導入してＱ関数からベースラインを差し引いたものを方策勾配に適用すれば良さそう

です。

実際、方策勾配定理の右辺で、Q関数を任意のベースライン関数$b(s)$でシフトしても期待値に影響を及ぼさないことが簡単に示せます。

$$\mathbb{E}_\pi\left[\left(\nabla_\theta \log \pi(a|s,\theta)\right)b(s)\right] = \sum_s d^\pi(s)\sum_a \pi(a|s,\theta)\left(\nabla_\theta \log \pi(a|s,\theta)\right)b(s)$$

$$= \sum_s d^\pi(s)b(s)\,\nabla_\theta \sum_a \pi(a|s,\theta) = 0$$

ここで$d^\pi(s)$は、方策πにしたがう状態系列の定常分布を意味します（詳細な定義は MEMO 2.4 を参照）。また、右辺の最後の等式は、方策確率の行動aに関する和が1になること（$\sum_a \pi(a|s,\theta) \equiv 1$）から導かれます。

ベースライン関数として価値関数$v_\pi(s)$を選んだときQ関数を価値関数でシフトした関数のことをアドバンテージ関数（advantage function）と呼びます。

$$a_\pi(s,a) = q_\pi(s,a) - v_\pi(s)$$ 式2.36

価値関数は、定義よりQ関数を方策で重み付け平均した関数ですから、アドバンテージ関数は行動価値をその平均値を基準に測った量（その行動を選択することのアドバンテージ）を意味しています。

最終的に、方策勾配定理においてQ関数をアドバンテージ関数で置きかえることにより、バリアンスが小さく抑えられた方策勾配が得られます。

$$\nabla_\theta J(\theta) = \mathbb{E}_\pi\left[\left(\nabla_\theta \log \pi(a|s,\theta)\right)\left(q_\pi(s,a) - v_\pi(s)\right)\right]$$

右辺の期待値は、すべての状態・行動系列について和を取ることを意味しますが、実際の計算では、挙動方策によってサンプリングされた状態・行動系列についての和で近似します。また、Q関数と価値関数もモデルフリーな状況での推定値で近似されます。

$$\nabla_\theta J(\theta) \approx \frac{1}{T}\sum_{t=0}^{T-1}\left(\nabla_\theta \log \pi(A_t|S_t,\theta)\right)\left(Q(S_t,A_t) - V(S_t)\right)$$ 式2.37

ここで、エピソードタスクを仮定したのでステップ数Tの状態・行動系列について平均を取りました。実際の制御では、継続タスクであっても一定ステップ数Tでタスクを打ち切ってバッチ処理として扱っても問題はありません。継続タスクにおけるバッチ学習については、次項の最後で説明します。

● 方策ベース手法の実装

　本項の最後に、方策ベース手法の実装について解説しておきます。まず、方策関数のモデル化としては、先に述べたようにギブス方策が挙げられます。その場合、特徴量について非線形なモデル化はニューラルネットのソフトマックス出力層で表現できます。この具体例については、**4.3節**で説明します。

　一方、方策勾配定理に現れるQ関数については、最も簡単な近似としてモンテカルロ法で推定すること、つまりQ関数を期待収益G_tで置きかえる近似が考えられます。この近似は、REINFORCEアルゴリズムとして知られている手法です。具体例については、**第5章**で説明します。

　ちなみに、Q関数をTD(0)法の目標値で置きかえると、アドバンテージ関数がTD誤差に等しくなることがわかります。アドバンテージ関数の近似としては、TD誤差をn-ステップTD誤差に拡張したものや、TD(λ)誤差に拡張したものも考えられます。

　状態空間および行動空間が低次元かつ離散自由度が少ない場合、Q関数をテーブルとして保持してSARSAなど方策オン型の手法で推定することもできます。しかし、実際には高次元または連続な行動空間を扱うので、Q関数や価値関数も方策と同様に、パラメータωで特徴付けられる関数としてモデル化する必要があります。方策関数と価値関数をともにモデル化して学習する方法は、Actor-Critic法と呼ばれています。次項では、このActor-Critic法について解説します。

🧊 2.4.4　Actor-Critic法

　前項で見たように、方策ベースの手法では、方策勾配定理により方策を直接に最適化します。その際、方策勾配はQ関数による重み付け平均として定義されており、Q関数による方策評価が方策の学習に取り込まれていました。状態行動空間が、次元数、自由度ともに小さければ、価値関数、Q関数はテーブルで記述されるので特にモデル化の必要はありません。しかし、方策ベース手法が効力を発揮する高次元または連続な行動空間に対しては、Q関数もまたパラメータと特徴量によるモデル化が必要となります。

　そこで、エージェントが担う方策評価と方策改善の機能を分離して、個々にモデル化する方法が、高次元または連続な行動空間の探索と制御に有効と考えられます。エージェント機能のうち、方策改善を担う部分を行動器（Actor）、方策評価を担う部分を評価器（Critic）と呼びます。ActorとCriticをそれぞれモデル化して交互に学習しながら最適方策を学習する方法をActor-Critic法と呼びます。

Actor-Critic法では、エージェント内部はActorとCriticとから構成されます。Actorが状態S_tのもとで、方策$\pi(a|s,\theta)$にしたがって行動A_tをサンプリングすると、環境モデルは、報酬R_{t+1}をCriticに渡して状態を次の状態S_{t+1}に遷移させます。Criticは、受け取った報酬をもとにパラメータωでモデル化されたQ関数$Q_\omega(s,a)$を学習してωを更新します。さらに、計算されたQ関数を方策評価としてActorに渡します。方策評価を受け取ったActorは、それを方策勾配に反映して方策パラメータθを更新します（図2.19）。

Criticの学習法としては、後で見るようにSARSAやTD学習など方策オン型学習が適用されます。Actorの学習法は前項と同様、方策勾配法が適用されます。ActorとCriticのパラメトリックなモデル化としては、特徴量の線形結合をベースとするモデル以外にも、特徴量の抽出とその非線形な関数近似を兼ね備えた深層ニューラルネットによる近似が考えられます。深層ニューラルネットについては、**第3章**で詳しく解説します。

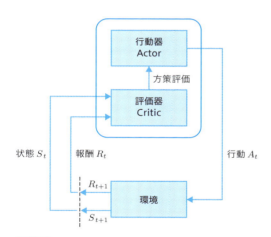

図2.19 Actor-Critic法の概念図

● Actorのモデル化

ここでは、方策$\pi(a|s,\theta)$のモデル化について詳しく見てみましょう。離散的な行動空間については、前項で見たように方策は、ギブス方策としてモデル化されました。連続的な行動空間の場合、多次元正規分布として定義されるガウス方策（Gaussian policy）によるモデル化が考えられます（図2.20）。

$$\pi(a|s,\theta) = \frac{1}{(2\pi)^{d/2}|\Sigma_\theta(s)|^{1/2}} \exp\left(-\frac{1}{2}\left(a-\mu_\theta(s)\right)^{\mathrm{T}} \Sigma_\theta^{-1}(s)\left(a-\mu_\theta(s)\right)\right)$$

ここで、$\mu_\theta(s)$は、行動変数の平均値の関数近似、$\Sigma_\theta(s)$は、行動変数の共分散行列の関数近似を表します。ギブス方策と同様、これら分布パラメータの関数近似は、ニューラルネットによる非線形な関数近似との親和性が高く、実際に多くの場面で適用されています（詳細は**第5章**を参照）。

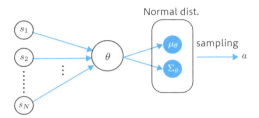

図2.20 Actorのガウス方策によるモデル化（連続行動空間）

上記以外でActorのモデル化として興味深い例として、**再帰型ニューラルネットワーク（Recurrent Neural Network, RNN）**によるモデル化が挙げられます。自然言語モデルによる文章生成や巡回セールスマン問題における巡回路生成などは、マルコフ決定過程（MDP）による系列データ生成として理解できます。一方、こうした系列データは、時間軸方向の層結合としてパーセプトロンの再帰型結合を含むニューラルネットワーク、つまりRNNにより生成できます。そこで、ActorをRNNでモデル化すると、離散行動を確率的に選択しつつ、選択された行動変数を次状態変数として再帰的にネットワークに入力することで、一連の状態・行動系列を生成できます（**図2.21**）。

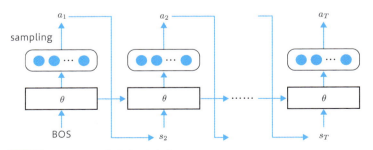

図2.21 RNNによる系列データ生成

● Criticのモデル化

Criticは、本来はQ関数を学習して方策を評価するのが役割ですが、行動空間が高次元であったり、連続的である場合、Q関数のテーブルの自由度が莫大となるので現実的ではありません。実際には、価値関数をパラメータωでモデル化した$V_\omega(s)$を学習することになります。その場合、モデル化によって導入されたパラメータωを最適化するために、最小化すべき目的関数が必要となります。例えば、$V_\omega(s)$の学習にTD学習を採用するなら、TD誤差を最小にすべきですから、損失関数（目的関数の逆符号）としては、TD誤差の二乗和を採用するのが自然です。

$$\mathcal{L}_{\text{critic}}(\omega) = \sum_{t=0}^{T-1} \left| \delta_{t+1}(\omega) \right|^2$$

式2.38

$$\delta_{t+1}(\omega) = R_{t+1} + \gamma V_\omega(S_{t+1}) - V_\omega(S_t)$$

一方、Actorの学習には方策勾配法を用いますが、方策勾配にはアドバンテージ関数が含まれています。興味深いことに、TD誤差のπに関する期待値は、アドバンテージ関数に等しくなります[7]。

$$\delta(s, r, s') = r + \gamma v_\pi(s') - v_\pi(s)$$

$$\mathbb{E}_\pi[\delta(s, r, s')] \equiv \mathbb{E}_\pi[q_\pi(s, a) - v_\pi(s)]$$

この関係式より、Actorの損失関数が、以下のように方策勾配とTD誤差の積和で近似できます。

$$\mathcal{L}_{\text{actor}}(\theta) \equiv -J(\theta) \approx -\frac{1}{T} \sum_{t=0}^{T-1} \left(\log \pi(A_t | S_t, \theta) \right) \delta_{t+1}(\omega)$$

式2.39

このように、Criticが、価値関数をパラメータωによる関数近似でモデル化し、Actorが、Criticによる方策評価をTD誤差として受け取って方策勾配法により方策改善するモデルを、本書ではActor-Criticモデルと呼ぶことにします（図2.22）。Actorの損失関数においてTD誤差は、n-ステップTD誤差やTD(λ)誤差で置きかえてもよいですし、適格度トレースで置きかえてオンライン学習してもよいで

※7　David Silver, UCL Course on RL (2015), Lecture 7: Policy GradientMethods, slide 31,
http://www0.cs.ucl.ac.uk/staff/d.silver/web/Teaching_files/pg.pdf

す。詳細については、**4.3節**で倒立振子制御を例として解説します。

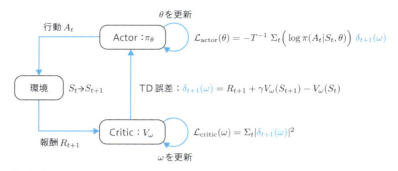

図2.22 Actor-Criticモデルの構成図

● バッチ学習の導入

　方策勾配に現れるアドバンテージ関数は、本項で説明したようにTD誤差で近似されます。原理的には、1-ステップTD誤差を計算するたびに方策関数を更新することも可能ですが、そうした場合、観測データ数が1個だけなので、価値関数の推計誤差が大きくなり学習が収束するのに時間を要します。実装上は、方策関数の更新をステップごとではなく、バッチ単位で更新するのが望ましいと考えられます。

　ここで言うバッチ（batch）とは、方策関数を固定して状態・行動系列を複数ステップ分生成して得られる観測データを意味します。このとき、方策関数を最適化するための損失関数は、式2.39 にある通り、バッチ内の各ステップごとに計算された1-ステップTD誤差と方策勾配との積をバッチ平均した値として定義されます。バッチ処理による学習では、方策関数をバッチ平均値による損失関数で更新します。

　ところで、後方観測的な見方によれば、1-ステップTD誤差による推定バイアスは、n-ステップTD誤差に拡張することで改善されます。つまり、バッチ内で複数ステップ先読みしたTD誤差を計算してバッチ更新に用いることで、方策関数の学習が安定すると期待できます。そこで、n-ステップTD誤差によるバッチ更新について考えてみましょう[※8]。n-ステップTD誤差は、その目標値がn-ス

※8　V. Mnih, A.P. Badia, M. Mirza, A. Graves, T.P. Lillicrap, T. Harley, D. Silver, K. Kavukcuoglu, "Asynchronous Methods for Deep Reinforcement Learning" ICML 2016, pp1928-1937. https://arxiv.org/abs/1602.01783

テップ収益で与えられるので次式で定義されます。

$$\delta_{t+1}^{(n)} = G_t^{(n)} - V_t(S_t)$$

式 2.40

　簡単のため、バッチの開始時点を $t=0$ とします。バッチを通して価値関数の更新は行われないので、バッチ内のすべての時点 t において価値関数は開始時点のそれ $V_0(S_t) \equiv V(S_t)$ に等しくなります。したがって、式 2.23 において $\mathcal{O}(\alpha)$ の補正は現れず、1-ステップTD誤差による展開式が以下のように厳密に成り立ちます。

$$\delta_{t+1}^{(n)} = \delta_{t+1} + \gamma\,\delta_{t+2} + \cdots + \gamma^{n-1}\delta_{t+n}$$
$$\delta_{t+k} = R_{t+k} + \gamma V(S_{t+k}) - V(S_{t+k-1})$$

式 2.41

　バッチ内では、時点 t におけるTD誤差の先読みステップ数 n は、バッチサイズ T により制約を受けます。バッチ内において、時点 t より先にある時点数は $T-t$ ですから、先読みステップ数の最大値もこれを超えることはできず $n \leq T-t$ が成り立ちます。n-ステップTD誤差の展開 式 2.41 により、バッチ内の1-ステップTD誤差を最大限に活用するには、ステップ数 n を最大値 $n = T-t$ と置けばよいです。したがって、Actor-Criticモデルの損失関数 式 2.38 、式 2.39 において、時点 t における1-ステップTD誤差 δ_{t+1} を $\delta_{t+1}^{(T-t)}$ で置きかえることで、各時点で最大ステップ数まで先読みしたTD誤差を取り込むことができます。

$$\mathcal{L}_{\mathrm{critic}}(\omega) = \sum_{t=0}^{T-1} \left| \delta_{t+1}^{(T-t)}(\omega) \right|^2$$

式 2.42

$$\mathcal{L}_{\mathrm{actor}}(\theta) = -\frac{1}{T} \sum_{t=0}^{T-1} \Big(\log \pi(A_t|S_t,\theta) \Big) \delta_{t+1}^{(T-t)}(\omega)$$

式 2.43

　上式において、TD誤差に含まれる価値関数がCriticモデルのパラメータ ω に依存することを引数として明記しています。きちんと書くと、TD誤差はCriticモデルによる価値関数 $V_\omega(s)$ により以下のように表されます。

$$\delta_{t+1}^{(n)}(\omega) = \delta_{t+1}(\omega) + \gamma\,\delta_{t+2}(\omega) + \cdots + \gamma^{n-1}\delta_{t+n}(\omega)$$
$$\delta_{t+k}(\omega) = R_{t+k} + \gamma V_\omega(S_{t+k}) - V_\omega(S_{t+k-1})$$

4.3節におけるActor-Criticモデルの実装では、バッチ学習を採用します。さらに、1-ステップTD誤差だけによる損失関数と、複数ステップTD誤差による損失関数の両方をオプション指定で選択できるようにして、両手法の安定性を実験を通して比較します。

📝 COLUMN 2.1

A3C, A2Cモデルについて

　2.4.2項で解説したQ学習のときと同様に、本項で紹介したActor-Criticモデルにおいても、観測される状態・行動・報酬系列において前後の状態は互いに強く相関しています。Q学習の場合は、方策オフ型制御である特性を活かした経験再生により、観測データの自己相関を解消できました。Actor-Criticモデルにおいて、こうした自己相関の問題を解消する拡張として**A3C（Asynchronous Advantage Actor-Critic）モデル**が提唱されました[※9]。A3Cモデルでは、本項で紹介したActor-Critcモデルのように、Q関数をアドバンテージ関数で近似したモデルで表されるエージェントを複数用意します。複数のエージェントは、ネットワーク重みを共有しながら非同期（asynchronous）にそれぞれ更新することで、単一エージェントで問題となった観測系列の自己相関を解消しています。ただし、その後の研究において複数エージェントが同期して更新しても性能に大差がないことがわかりました[※10]。このモデルは、A3Cモデルにおいて先頭のasynchronousが除かれたので**A2C（Advantage Actor-Critic）モデル**と呼ばれます。本項で説明した単一エージェントからなるActor-Criticモデルもアドバンテージ関数によるモデルですが、上述のA2Cモデルと区別するためActor-Criticモデルと呼んでいます。

● まとめ

　本項では、価値ベース手法と方策ベース手法の両方を取り込んだ方策改善手法として、Actor-Critic法を紹介しました。行動空間が高次元または連続である場合には、ActorだけでなくCriticもパラメータで特徴付けられる関数で近似する必要があります。その際、パラメータについて非線形で表現力が高い関数近似法としてニューラルネットワークが有効です。近年の強化学習の目覚ましい進歩

※9　V. Mnih, A.P. Badia, M. Mirza, A. Graves, T.P. Lillicrap, T. Harley, D. Silver, K. Kavukcuoglu, "Asynchronous Methods for Deep Reinforcement Learning" ICML 2016, pp1928-1937. https://arxiv.org/abs/1602.01783

※10　OpenAI Baselines: ACKTR & A2C https://openai.com/blog/baselines-acktr-a2c/

も、**深層ニューラルネットワークによる関数近似**によるところが大きいです。

　本書では、深層学習を強化学習の関数近似として導入した事例について、この後、実装も紹介しながら詳しく解説していきます。**第3章**では深層学習について詳しく解説します。**第4章**では深層強化学習の事例としてDQN、Actor-Criticモデルを紹介します。応用編では、方策ベース手法の制御問題への適用として、連続行動空間の制御（**第5章**）、組合せ最適化問題の探索（**第6章**）、系列データ生成（**第7章**）について解説します。

CHAPTER 3

深層学習による特徴抽出

本章では、深層学習に関連した事柄に焦点を当てていきます。

深層学習の概念、基本的な3つのネットワークの仕組み（**MLP**、**CNN**、**RNN**）、簡単なモデルの実装方法を通して、深層強化学習の実装を進めていくための考え方について触れていきます。

また、深層学習や深層強化学習において、CNNやRNNが応用されている具体例についても紹介していきます。

Part 1_基礎編　　Part 2_応用編

3.1 深層学習

本節では、深層学習の概念や、基本的な仕組み、ライブラリの使い方や簡単な
MLP（多層パーセプトロン）の実装を紹介していきます。

3.1.1 深層学習の登場と背景

深層学習（Deep Learning）は、人間の脳の「ニューロン」の構造と機能を
模倣したニューラルネットワークを何層も重ねて大規模にした機械学習の一手法で
す。2012年にILSVRC (ImageNet Large Scale Visual Recognition Challenge)
という画像認識のコンペティションで、深層学習を採用したGeoffrey E.
Hintonのチームが、他のチームに圧倒的な大差をつけて勝利しました。また、同
じ年に「Googleが深層学習によって教師データなしに猫の概念を自動的に学習
した」というニュースが話題になったことを覚えている方も多いかと思いま
す[1]。深層学習自体は2006年にHintonらが提案した手法ですが、2012年に起
こったこれらの成果が大きなブレイクスルーとなって、現在の深層学習・人工知
能ブームにつながっています。

深層学習が従来の機械学習と大きく違う点としてはいくつかありますが、大き
く異なるとされているのは、一般的に、特徴量設計が不要とされている点です。
従来の機械学習では、タスクに応じた特徴量抽出手法を選択して、機械学習アル
ゴリズムと組合せて実現することが一般的でした。例えば、画像における従来の
機械学習では、SIFT、HOGといった特徴抽出手法、つまり画像からどのような
特徴を抽出するか、といった事柄は人手によるチューニングが必要で、その後に
SVM（サポートベクターマシン）やk-NN（k-近傍法）などの機械学習モデルと
組合せて、分類などのタスクを行っていました。

しかし、深層学習では、一般的に特徴抽出と機械学習を同時に行うため、最初
から最後まで、深層学習という1つのコンポーネントで学習できることが大きな
特徴となっています（ 図3.1 ）。

※1　● Using large-scale brain simulations for machine learning and A.I.
　　　URL https://www.blog.google/technology/ai/using-large-scale-brain-simulations-for/

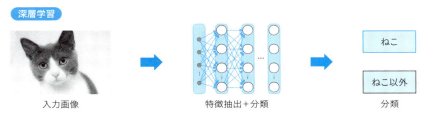

図3.1 従来の機械学習と深層学習の比較

　また、後ほど紹介していきますが、深層学習は強力な特徴抽出だけでなく、複雑な関数でも表現することができる、**万能な関数近似器**としての役割も持っているため、様々なタスクでブレイクスルーを起こしてきました。
　次に、深層学習の中身が実際にどのようなものなのか、具体的に見ていきます。

3.1.2 深層学習とは

　先述したように、深層学習（Deep Learning）は、ニューラルネットワークに基づいた機械学習の手法です。
　はじめにニューラルネットワークの中でも最も基本的な形である、パーセプトロンについて紹介します。

● 基本の形、パーセプトロンとは

　パーセプトロンは 図3.2 のように複数の入力から単一の出力をするものです。

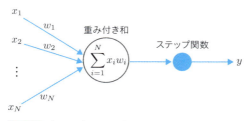

図3.2 パーセプトロンの概要図

　パーセプトロンの中でも最も簡単な形は、「それぞれの入力x_iに重みw_iを掛けて、足したもの」がある値c以上であれば1を出力し、そうでなければ0を出力する、といったものです（ **式3.1** ）。また、このようにある値cを境にして、0か1を出力する関数をstep関数と呼びます（ **式3.2** 、 **図3.3** ）。

$$y = \text{step}(\mathbf{x}^T \mathbf{w}) = \text{step}\left(\sum_{i=1}^{N} x_i w_i\right) = \text{step}(x_1 * w_1 + \cdots + x_N * w_N)$$

式3.1

$$\text{step}(v) = \begin{cases} 1 & (c < v) \\ 0 & (\text{otherwise}) \end{cases}$$

式3.2

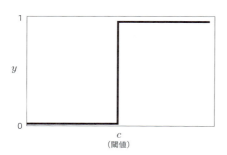

図3.3 step関数

　パーセプトロンは、線形分離可能な問題を正しく表現することができます。2次元の空間で考えたときに、1本の直線で2つの点の集合を分離できるような問題のことを、線形分離可能な問題と言います。例えば、 **図3.4** にあるように、黒色の集合の点と白色の集合の点を直線で分離できるような問題のことを言います。

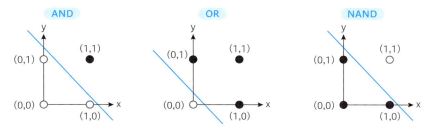

図3.4 線形分離可能な問題の例（論理ゲートのAND、OR、NAND）

図3.4 の例は、単純パーセプトロンで表現できる、論理回路で用いられている論理ゲートのAND、OR、NANDといった回路です。ここで扱う論理ゲートは、基本的に2つの入力に対して1つの出力をするようなものになっています。

例えば、ANDは2つの入力ともに1であれば1を、そうでなければ0を出力する回路です。ORは入力がどちらか1であれば1、そうでなければ0を出力する回路です。NANDはANDの逆の出力、つまり、2つの入力ともに1であれば0を、そうでなければ1を出力する回路となっています（**表3.1**）。先程の**図3.4**では、2つの入力x，yを軸にして、出力結果が1であれば黒色、0であれば白色にしています。

表3.1 論理ゲートAND、OR、NANDの入出力

x	y	x AND y	x OR y	x NAND y
0	0	0	0	1
0	1	0	1	1
1	0	0	1	1
1	1	1	1	0

それぞれ、論理ゲートで表すと、以下のようになります（**図3.5**）。そして、このAND、OR、NANDと記載されているところを先程のパーセプトロンで置きかえることができます。

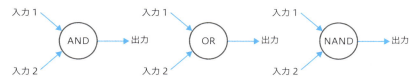

図3.5 論理ゲートAND、OR、NAND

実際にANDの論理ゲートを、パーセプトロンで考えてみましょう。

パーセプトロンの定義は 式3.1 だったので、ここでは$\text{step}(x*w_1 + y*w_2)$となります。

重みパラメータ$w_1 = w_2 = 0.5$、step関数の閾値を$c = 0.8$と考えると、

(1) x = 0, y = 0のとき、
$\text{step}(0*0.5 + 0*0.5) = \text{step}(0) = 0$

(2) x = 0, y = 1のとき、
$\text{step}(0*0.5 + 1*0.5) = \text{step}(0.5) = 0$

(3) x = 1, y = 0のとき、
$\text{step}(1*0.5 + 0*0.5) = \text{step}(0.5) = 0$

(4) x = 1, y = 1のとき、
$\text{step}(1*0.5 + 1*0.5) = \text{step}(1) = 1$

となります。先程のAND回路の出力の結果と同じになり、パーセプトロンでANDの論理ゲートを表現することができました。同様に、OR回路、NAND回路もパーセプトロンで表現することができます。

● なぜ多層なのか

それでは、次の問題を見てみましょう（ 図3.6 ）。

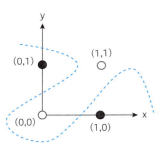

図3.6 線形分離不可能な問題の例（論理ゲートXOR）

図3.6 はXORと呼ばれる論理ゲートを表したものです。XORは 表3.2 のような形で、2入力1出力を行う論理ゲートです。

表3.2 論理ゲートXORの入出力

x	y	x XOR y
0	0	0
0	1	1
1	0	1
1	1	0

図3.6 を見るとわかる通り、直線を引いて、黒色と白色に分離できません。このことを線形分離不可能な問題と呼びます。つまり、単一のパーセプトロンでは線形分離不可能な問題を解くことができないため、点線のように非線形な形で黒と白を分離しないと完全に分離ができません。

しかし、XORは多層のパーセプトロンで表現することができます。図3.7 のように、AND、OR、NANDといった3つのパーセプトロンを多層にしてつなぎ合わせることでXORを表現することができます。このようにパーセプトロンを多層にすることで、非線形な分離も行うことができるようになります。

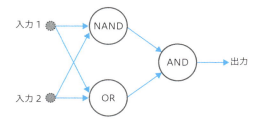

図3.7 NAND、AND、ORで表現するXOR

上述したパーセプトロンでは、0か1を出力する非連続な関数であるstep関数を使用していました。しかし、勾配法と呼ばれる手法を用いて最適化を行う深層学習では、step関数の勾配値を取ることができず、うまく学習をすることができません。そこで、step関数の代わりにstep関数を滑らかにしたsigmoid関数を用いた、シグモイドニューロンが考案されました。step関数は、ある値cを境にして、1か0になる関数でした。一方で、sigmoid関数は0から1の範囲に収まるような値が出力される関数です（ 図3.8 ）

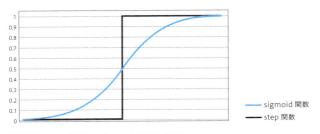

図3.8 step関数とsigmoid関数の違い

　step関数やsigmoid関数のように、パーセプトロンの入力信号の線形和を出力信号に変換する関数のことを、総称して活性化関数（activation function）と言います。活性化関数の重要な性質は、入力値が閾値よりも大きい場合にのみ顕著な信号を出力する（活性化する）という非線形性です。したがって、step関数やsigmoid関数を含めて、活性化関数はすべて非線形関数として定義されます[※2]。活性化関数としては、他にもtanh関数やReLU関数などがよく知られています。

　ここまで、パーセプトロンの性質を見てきました。パーセプトロン1個だけでは、線形分離可能な問題しか解けませんが、3個のパーセプトロンを結合すれば非線形な分離も表現できることがわかりました。したがって、多数のパーセプトロンの結合からなるニューラルネットワークは、より複雑な関数を出力できると考えられます。

　パーセプトロンやシグモイドニューロンを包含する自然なニューラルネットワークとして、**順伝播型ニューラルネットワーク**（別名を**多層パーセプトロン、MLP（Multi Layer Perceptron）**）があります。順伝播型ニューラルネットワークとはニューロンが層のように並び、隣接する層の間のみ結合するようなネットワークのことです。1番目の層を入力層、最後の層を出力層、その間にある層を中間層と呼びます（**図3.9**）。

※2　ただし、対象とする問題によってはパーセプトロンの入力値をそのまま出力したい場合もあります。この場合、活性化関数を適用する必要はないわけですが、線形関数で定義された活性化関数を適用していると解釈することもできます。

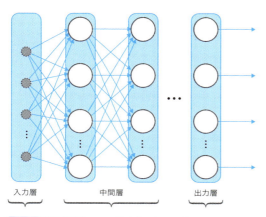

図3.9 順伝播型ニューラルネットワーク

　各ニューロンは複数の入力を受け取り、それらに重みを付けて足し合わせ、活性化関数を用いて変換した値を出力します。先程出てきたパーセプトロンやシグモイドニューロンは活性化関数がstep関数か、sigmoid関数の場合のことを指しており、順伝播型ニューラルネットワークの特別な場合（1層1ニューロンのとき）と言えます。

　ここまでの内容をまとめると、単純パーセプトロンでは線形表現しかできなかったことを、複数のパーセプトロンを結合することで、非線形な表現もできるようになりました。さらに、パーセプトロンを層状に結合した拡張として順伝播型ニューラルネットワークを定義しました。このネットワークは、活性化関数の非線形性を介して、**非線形を含めた複雑な形であっても、万能な関数近似**ができるようになっています。これが深層学習の大きな特徴の1つです。

　次に、ニューラルネットワークの学習方法について、見ていきます。

● ニューラルネットワークの学習方法

　深層学習は、先述したように機械学習の一手法となっています。機械学習では一般的に**目的関数**というものを定義して、目的関数を最小化（もしくは、最大化）するように最適化をしていきます。ここで言及している最適化とは、「目的関数を最小、もしくは最大にする重みのパラメータを見つける」ことです。要するに、機械学習とは「予測の誤差を最小にするパラメータを見つけること」と考えることができます。深層学習では、勾配法と呼ばれる手法を使って最適化を行います。勾配法とは、最適化問題において関数の勾配に関する情報を解の探索に用いるアルゴリズムの総称です。

深層学習では、上記の最適化を**バックプロパゲーション（誤差逆伝播法）**と呼ばれる操作によって行っています。本書では詳しい説明をしませんが、勾配法に基づいて、与えられた教師信号をもとに予測結果との誤差を算出し、バックプロパゲーションすることで、深層学習のパラメータの更新を行っていきます。バックプロパゲーションは連鎖律という仕組みに従い、複雑な関数でも勾配を取ることができます。

例えば、単純な回帰問題では、 **式 3.3** で表される、**MSE（Mean Squared Error; 平均二乗誤差）**という目的関数がよく用いられています。この式では入力データを$\mathbf{x}$、正解データを$\mathbf{y}$、ネットワークの重みパラメータを$\mathbf{w}$、ネットワークを関数と見なして、ネットワークの出力を$f(\cdot)$、と置いています。

$$E(\mathbf{w}) = \frac{1}{2}\Sigma_{n=1}^{N}\|f(\mathbf{x}, \mathbf{w}) - \mathbf{y}\|^2$$ **式 3.3**

深層学習では、基本的には **式 3.4** を用いて$\mathbf{w}$を更新していくことで、この目的関数$E(\mathbf{w})$を最小にする$\mathbf{w}$を求めるように学習を進めています。lrは学習率と呼ばれるもので、事前に人手で決めているものになります。

$$\mathbf{w} = \mathbf{w}_{old} - lr\nabla E(\mathbf{w})$$ **式 3.4**

ただし、この$\nabla E(\mathbf{w})$を求める計算が、層が増えれば増えるほど複雑なものになっています。このような計算を自動で行ってくれるのが、**自動微分**と呼ばれるものです。ここも詳細について触れませんが、次項で紹介するプラットフォームを使用することで、誤差逆伝播法の計算を自前で記述しなくても、深層学習を簡単に使用することができます。

ところで、誤差逆伝播法によれば、中間層の重みパラメータ$\mathbf{w}$は、 **式 3.4** によって更新されます。このとき、損失関数の勾配$\nabla E(\mathbf{w})$は、その中間層と出力層との間にある活性化関数の微分の積に比例します。活性化関数としてsigmoid関数を採用した場合、その微分は1未満の値となるので、勾配$\nabla E(\mathbf{w})$の値は、出力層から遠くなるほど減衰してしまいます。その結果、中間層の重みパラメータが更新されず学習が進まないという問題が生じます（**勾配消失問題**）。

この問題は、中間層の活性化関数としてsigmoid関数のように出力値が0と1の間に限定された関数ではなく、次式で定義されるReLU関数を用いることで解消されます。

$$\mathrm{ReLU}(x) = \max(0, x)$$

この関数はxが負のとき0、xが正のときxに等しい部分的に線形な関数です。sigmoid関数の微分が最大値でも0.25と1より小さい値しか取れないのに対して、ReLU関数の勾配はxが正値を取る限り常に1となります（ 図3.10 ）。したがって、勾配$\nabla E(\mathbf{w})$の計算において何度ReLU関数の微分が掛け合わされても値が減衰することはありません。ReLU関数を使って勾配消失問題が緩和されることにより、層数が数十に及ぶ深層ニューラルネットワークの学習、すなわち深層学習が可能になります[※3]。

3.1.3　深層学習フレームワーク（TensorFlowとKeras）

前述したように、複雑な逆伝播の仕組みを実装すると非常に手間がかかるため、一般的に深層学習はフレームワークを通して実装することがほとんどです。上記のようなフレームワークを用いる大きな理由としては、主に以下の3点が挙げられます。

1. 自動微分計算ができるため、勾配を簡単に取得できる
2. 内部計算でGPUを使うため、計算が圧倒的に速いことが多い
3. 深層学習で用いるモジュール・計算が充実している

PyTorch、Chainerなどのフレームワークもありますが、本書ではTensorFlowを用いて実装を進めていきます。TensorFlowは、Googleによって開発された、深層学習の研究で最もよく使われているフレームワークです。

従来のTensorFlowでは、Define-and-Run方式であるgraph-modeで記述されていましたが、最新のTensorFlowのバージョン（本書の執筆時点では2.0）では、Define-by-Run方式のeager-modeという記法も追加され、2種類の記法から選択できるようになっています。それぞれ以下のようなメリット、デメリットがあります（ 図3.11 、 表3.3 ）。

※3　V. Nair and G.E. Hinton, "Rectified Linear Units Improve Restricted Boltzmann Machines" in Proceedings of the 27th International Conference on Machine Learning, Haifa, Israel, pp.807-814, 2010.

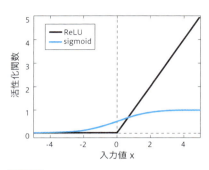 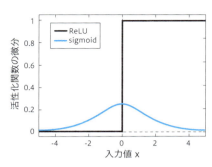

図3.10 ReLUとsigmoid

表3.3 graph-modeとeager-modeの比較

	graph-mode	eager-mode
実装方式	Define-and-Run	Define-by-Run
手順	1. どのような計算を行うのか、計算グラフを構築する 2. 構築したグラフにデータを流して計算を行う	データを流したタイミングで、逆伝播用のグラフを構築する
メリット	・計算速度が速い	・デバッグが容易 ・動的なモデルを構築できる
デメリット	・デバッグが複雑 ・モデルを動的に変更することができない	・graph-modeと比較すると速度が遅い

　graph-modeでは、計算グラフ（ **MEMO 3.1** 計算グラフ）を構築する処理と、データを入力する処理を分けることで、複雑処理をまとめて一気に行い、高速な演算を可能にしています（ **図3.11** ）。

　eager-modeのメリットとしては、グラフを構築しなくても、計算を行うことができるため、インタラクティブにグラフを構築したい際に便利ですが、その代わり速度がgraph-modeと比較して遅かったりするなど、デメリットもあります。

　TensorFlow2.0ではeager-modeがデフォルトになっていますが、本書の執筆時点でまだTensorFlow2.0の正式版のリリースが出ていないため、本書ではDefine-and-Runの方式であるTensorFlowのgraph-modeに従った記法を採用しています。

　また、TensorFlowの低レベルAPIであるCoreAPIを用いて、大規模なネットワークを記述していくのが大変なため、本書では、TensorFlowの高レベルAPI、Kerasを組合せることで、少ないコード量で深層学習を実装することがで

きます。Kerasとは、François Chollet氏を中心として開発を行っている、深層学習のライブラリ、もしくはAPI仕様のことです。Kerasは2種類あり、1つ目がTensorFlowに統合されたもの、2つ目がTheanoやCNTKなどをサポートしている独立したパッケージです。

本書ではモデルを主にKerasで構築して、必要な箇所でTensorFlowを用いた実装を行っていきます。

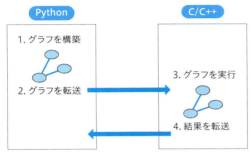

グラフを構築してから一気に計算すると転送のコストが小さい

図3.11 graph-modeのイメージ概要

 MEMO 3.1

計算グラフ

計算グラフとは、有向非巡回グラフ（DAG, Directed acyclic graph）の一種で、テンソル同士の演算を表したものです。データフローグラフとも呼ばれています。例えば、図3.12のように、それぞれの層やテンソルの計算の演算関係を表現しています。

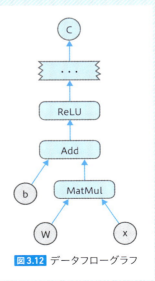

図3.12 データフローグラフ

● 順伝播型ニューラルネットワーク（MLP）の実装

　それでは、TensorFlowとKerasを用いて、先程出てきたMLPを実装してみましょう。今回は以下のようなニューラルネットワークを構築します。画像認識定番の手書き文字認識データセット、MNISTを用いた例です。MNISTは、0から9までの数字が手書きで書かれており、28×28ピクセルの手書き数字の画像と、その画像に対応するラベル（0-9のいずれかの値）が入ったデータセットになっています。実際には、画像に対応する灰色の濃淡を表す0-255の値が入った行列が入っています。0, 255はそれぞれ、黒色、白色を表しています（図3.13）。

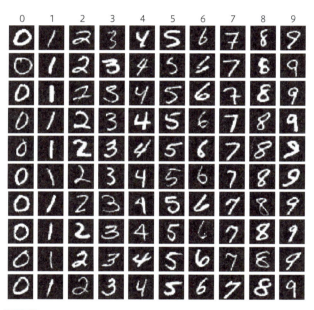

図3.13 MNISTデータセット

　MLPは先程の 図3.9 のようにニューロンがすべて密に結合しているので、画像データの場合は通常扱うことはあまりないのですが、ここでは簡単のため、画像であるMNISTデータをベクトルに変換する前処理を行い、順伝播型ニューラルネットワークで学習を進めていきます（図3.14）。リスト3.1 のコードは、`simple_mnist_dense.py`から抜粋したものです。Kerasを使ってモデルのネットワーク構造を定義しています。なお、本節のもととなっているコードは`simple_mnist.dense.py`です。

MEMO 3.2
前処理や学習結果

　紙面上では、前処理や学習結果について詳しく説明をしていませんが、本書でダウンロードできるコード（simple_mnist_dense.py,simple_mnist_cnn.py）には、MNISTをMLP、CNNで学習・予測するコードが付属していますので、興味がある方は参考にしてみてください。

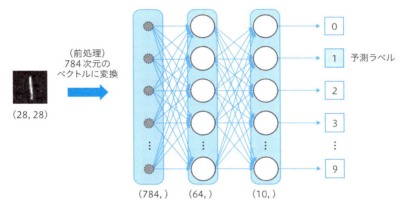

図3.14 MLPのモデル構築の概要

リスト3.1 モデルの構築の例（simple_mnist_dense.py）

```
# モデルの構築
def build_dense_model():
    model = Sequential()
    model.add(Flatten(input_shape=(28, 28)))
    model.add(Dense(64, activation='relu'))
    model.add(Dense(10, activation='softmax'))
    model.compile(loss='categorical_crossentropy',
                  optimizer=SGD(),
                  metrics=['accuracy'])

    print(model.summary())
    return model
```

Kerasを使うと、これだけで 図3.14 のニューラルネットワークが構築できます。

Kerasでモデルを構築するには、Sequential APIを用いる方法、Functional APIを用いる方法の2種類があります。ここで用いているSequential APIは、addメソッドでレイヤを追加していくだけで、簡単にモデルを構築することができきます。一方で、Functional APIは複雑なモデルを扱う場合に使用することが多いです。

ここでは、Sequential()でモデルを作成し、addメソッドでDenseレイヤを追加しています。Denseレイヤというのは、上記の順伝播型ニューラルネットワークの1つの層のことを表していて、引数で層のニューロンの数を指定しています。図3.14 では、2層目は64個のニューロンが並び、3層目は10個のニューロンが並び、0から9までのラベルに対して予測を行うモデルを構築しています。

また、 リスト3.1 の最後から2行目のprint(model.summary())にあるように、モデルのsummaryメソッドを呼び出すことで、モデルの各層の重みや、アウトプットの形のサマリを見ることができます（ リスト3.2 ）。

リスト3.2 モデルのサマリ（simple_mnist_dense.py）

```
Layer (type)                 Output Shape              Param #
=================================================================
flatten (Flatten)            (None, 784)               0

dense (Dense)                (None, 64)                50240

dense_1 (Dense)              (None, 10)                650
=================================================================
Total params: 50,890
Trainable params: 50,890
Non-trainable params: 0
```

上記の 図3.14 に対応していることが確認できます。

また、Kerasのモデルは リスト3.3 のように学習を行うことができます。

リスト3.3 モデルの学習

```
history = model.fit(x_train, y_train,
                    batch_size=batch_size,
                    epochs=epochs)
```

　学習を行うためには上のように、Kerasのモデルの`fit`メソッドを呼び出し、引数に学習データ`x_train`と正解`y_train`を与えます。Kerasを用いることでたったこれだけでモデルの構築・学習を行うことができます。

　本書では基本的にTensorFlowとKerasを組合せて強化学習のアルゴリズムを実装していきますが、基本的にはニューラルネットワークのモデルはKerasを用いて実装を行うことが多いです。

　次節以降では、画像データや系列データなど、何らかの構造を持つデータに対し用いることができるニューラルネットワークのアーキテクチャについて、見ていきましょう。

3.2 畳み込みニューラルネットワーク（CNN）

本節では、CNNの構成要素、内部での演算処理、簡単な実装について見ていきます。CNNは、画像のような構造のデータに対する特徴抽出器として有用なアーキテクチャです。この特性を踏まえて、CNNの応用先として興味深いタスクについても紹介します。

3.2.1 CNNとは

3.1.1項で前述した深層学習のILSVRCでは、CNNという種類のニューラルネットワークを用いていました。CNNは局所的に特徴があるデータの構造に対して扱うことができます。例えば、最もよく使われる例として画像データがあります。画像データは縦×横×チャンネル数の3次元の情報であり、空間的情報が含まれています。前述したMLPでは、隣接する層のニューロンがすべて密に結合していたので、データの形状を保持しておらず、入力画像のすべての点を同等に扱っていましたが、CNNはデータの形状を保持しながら処理していくため、画像データの処理に向いています（図3.15）。

また、前節のMLPは画像の入力サイズが大きくなればなるほど、パラメータが肥大化していきます。例えば、入力画像が200×200×3（縦サイズ200、横サイズ200、色チャンネル3）の画像サイズだと、1層目だけで最低でも120,000（200×200×3）個のパラメータが必要になってしまいます。一方で、CNNは局所的に構造があるデータの特徴を利用して、パラメータの数を削減しています。

一般的にCNNは、畳み込み層とプーリング層から構成されています。このような畳み込み・プーリングといった操作により、入力画像の特徴的な表現を圧縮して、中間層で表現することができます。画像から圧縮した特徴表現が欲しいときに用いることもできます。

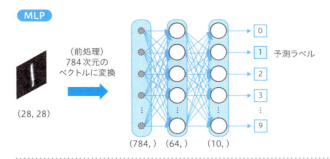

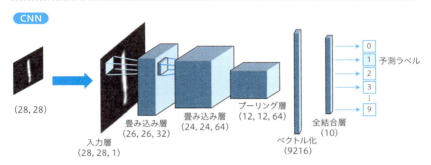

図3.15 MLPとCNNの比較図

　それでは、CNNの構成要素がどのような構造になっているか、これから見ていきましょう。

● 畳み込み層

　畳み込み層は、画像にカーネル（フィルタ）を適用することにより、画像の特徴量を抽出する役目を担う層です。最適化が必要な重みパラメータの数はフィルタのサイズに依存するため、MLPと違い、画像のサイズが大きくなっても、パラメータ数が増大しません。

　先程の 図3.15 のCNNの畳み込み層で行っていた処理は具体的には以下のような処理です。簡単のため、1チャンネルでの計算過程の例を見ていきましょう（ 図3.16 ）。この例では、5×5の入力画像、3×3のカーネル、3×3の出力の計算過程を見ていきます。カーネルと入力画像が重なる領域において、それぞれ要素積を取ったものをすべて足したものが対応する出力の要素として出力されています。

図3.16 畳み込み処理の一連の流れ

　今回の例では、畳み込み演算をして出力するまでに、カーネルを9回移動させて計算を行っています。入力の画像と灰色の箇所を対応させて、1つずらして同じ操作を適用させて計算を行っています。具体的に 図3.17 で1回目の操作を詳し

図3.17 畳み込み演算の例

く見てみると、入力画像の灰色箇所とカーネルの要素積を取り、すべての和を取っていることがわかります。

このように畳み込み層では、カーネルをうまく学習していくことで、入力画像の特徴を捉えつつ圧縮したような出力を行っていきます。そして、MLPのように密に結合しているわけではなく、カーネルという固定長の重みパラメータを学習していくため、入力サイズが大きくなっても重みパラメータは変化しない、というのが特徴になっています。

● プーリング層

プーリング層では、画像の小さな位置の変化に対して、より頑健なモデルを構築するために、前の層から代表値を抽出してくる操作を行います。最もよく使われているのは、マックスプーリングと呼ばれる操作で、前の層を小さな領域に分割して、各領域の最大値のみ取得して、前の層の結果を縮小しています。

具体的に4×4の入力に対して、マックスプーリング操作を行った結果を見てみましょう（図3.18）。

図3.18 マックスプーリング操作の例

図3.18のようなプーリング操作によって、入力マップの4×4領域の特徴を保持したまま、2×2の領域に縮小したマップが出力されます。

● CNNの実装

それでは、実際にCNNを実装してみましょう。コードは、`simple_mnist_cnn.py`に対応しています。先程と同じく、Kerasを用いると、以下のように簡単に畳み込みニューラルネットワークを構築することができます。ここでは、図3.15のモデルを構築する例を見ていきましょう。ダウンロードできるコード中の`simple_mnist_cnn.py`から本質的な箇所を抜粋してご紹介していきます（リスト3.4）。

リスト3.4 **図3.15** のモデルを構築（simple_mnist_cnn.py）

```python
# モデルの構築
def build_cnn_model():
    model = Sequential()
    model.add(Conv2D(32, kernel_size=(3, 3),
                activation='relu',
                input_shape=(28, 28, 1)))
    model.add(Conv2D(64, kernel_size=(3, 3),
                activation='relu'))
    model.add(MaxPool2D(pool_size=(2, 2)))
    model.add(Flatten())
    model.add(Dense(num_classes, activation='softmax'))

    model.compile(loss='categorical_crossentropy',
                optimizer=Adam(),
                metrics=['accuracy'])

    print(model.summary())
    return model
```

　CNNは出力チャンネルの数だけカーネルを作成して、先程の畳み込みの処理を行います。まず、第1層目では、Conv2D層を追加することで、3×3のカーネルを32チャンネル分作成して畳み込み処理を行っています。第1層目のそれぞれの引数では、チャンネルサイズ、カーネルサイズ、活性化関数を指定しています。つまり、チャンネルサイズが32、カーネルサイズが（3, 3）、活性化関数がReLUという指定になっています。

　第2層目では、チャンネルサイズを64、kernel_sizeを（3, 3）、activation=reluと指定しています。第3層目はプーリング層になります。MaxPool2Dでプーリングのサイズを指定します。ここでは、pool_sizeを（2, 2）と指定しています。そのため、出力のウィンドウサイズも24から12へと半分に変化しています。

　第4層目では、Flattenクラスを追加することで、12×12×64のテンソルを9216次元のベクトルに変換しています。最終層では、全結合層Denseを追加して、アクティベーション関数にsoftmaxを追加することで、10クラスの分類を行うモデルを構築しています。

　この場合も、MLPと同様にprint(model.summary())によってモデルのサマリを書き出すことができます。（**リスト3.5**）。

リスト3.5 モデルのサマリ（simple_mnist_cnn.py）

```
Layer (type)                 Output Shape              Param #
=================================================================
conv2d (Conv2D)              (None, 26, 26, 32)        320

conv2d_1 (Conv2D)            (None, 24, 24, 64)        18496

max_pooling2d (MaxPooling2D) (None, 12, 12, 64)        0

flatten (Flatten)            (None, 9216)              0

dense (Dense)                (None, 10)                92170
=================================================================
Total params: 110,986
Trainable params: 110,986
Non-trainable params: 0
```

　こちらも **図3.15** と同様のモデルが構築できていることが見られました。画像処理タスクにおいては、出力の形状が異なることがあるため、特にCNNでは自分の意図しているモデルになっているか、適宜確認が大切になります。

　ここまでCNNがどのような構造になっているのか見てきました。それでは、実際にどのような形で応用されているのか見ていきましょう。

3.2.2 CNNの応用

　先程載せた **図3.15** のように、深層学習は特徴抽出と機械学習の役割を包含していました。中でもCNNは、画像や構造データを最もよく表現できる形式で特徴量をうまく抽出する、特徴抽出器の意味合いが重要になっています。

　例えば、Andrew Ngらによる論文（『Convolutional Deep Belief Networks for Scalable Unsupervised Learning of Hierarchical Representations』）によると、畳み込み層を重ねるごとに、より高次元の特徴を抽出しているように見られます。例えば、**図3.19** を見ると、最初の層では低次元な特徴を捉えており、何を表現しているかわからないのですが、層を重ねるごとに、人らしい特徴が捉えられているのがわかります。

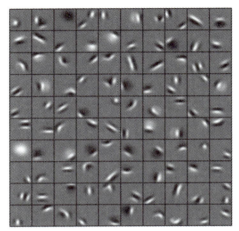
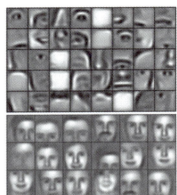

図3.19 中間層の可視化結果（左が1層目、右上が2層目、右下が3層目）

出典 『Convolutional Deep Belief Networks for Scalable Unsupervised Learning of Hierarchical Representations』（Honglak Lee, Roger Grosse ,Rajesh Ranganath ,Andrew Y. Ng ）、Figure 3.より引用

URL http://robotics.stanford.edu/~ang/papers/icml09-ConvolutionalDeepBeliefNetworks.pdf

このように画像を表現している特徴を抽出することで、様々な応用タスクに用いることができます。

それでは、CNNを使うことで、どのようなタスクに応用していくことができるのでしょうか。

● 画像分類

本節のCNNの解説で取り扱った、MNISTの手書き数字分類も画像分類の例です。先程は、画像から0～9のどの数字なのか当てる問題になっていましたが、例えば、画像から被写体の人物が男性か、女性か、を当てる問題も画像分類です。学習を進めていくことで、うまく特徴を抽出しつつ分類を行うモデルになっています。

● 物体検出

画像分類では、基本的に1枚の画像に1つの物体が写っており「それが何か」を推定していましたが、物体検出では「何がどこにあるか」を推定する問題になっています。自分で実装を行わなくても、最新の研究成果がTensorFlow Object Detection APIとして利用可能になっているので、データがあれば簡単に物体検出を行うことができます（**図3.20**）。

図3.20 TensorFlow Object DetectionAPIの例

出典　「Tensorflow Object Detection API」より引用
URL　https://github.com/tensorflow/models/tree/master/research/object_detection#tensorflow-object-detection-api

● セグメンテーション

　物体検出に似ているのですが、物体を囲む矩形領域ではなくピクセル単位で推定を行うのが、「セグメンテーション」です（図3.21）。ピクセル単位で予測するため、物体検出の上位の技術と思われるかもしれませんが、必ずしもそういうわけではありません。例えば、物体の数を数えたい場合は、セグメンテーションでは重なった物体を区別できなくなるため、うまく数えることができません。問題にあった手法を選択する必要があります。また、詳しくは**7.2節**で言及しますが、いわゆるエンコーダ・デコーダ型のCNNのモデルがベースとなっていることが多いです。

図3.21 セグメンテーションの例

出典　「COCO 2017 Object Detection Task」より引用
URL　http://cocodataset.org/#detection-2017

● 強化学習への応用

強化学習の分野における深層学習によるブレイクスルーの1つとして、CNNを用いてゲーム画面から特徴量をうまく抽出できたことが挙げられます。例えば図3.22のように、ゲーム画面をCNNに入力することで、シミュレータ内部にある隠れた状態変数（例えば、インベーダーの位置情報など）を獲得できると考えられます。実際、人間がプレイする際にもゲーム内部で保持している敵の座標や自分の座標を正確に知ることはできません。しかし、人間のプレーヤーもゲームのプレイ画面から似たような情報を得ることができ、アクション（例えば、右に移動など）の意思決定をする材料としています。

本書では、画像を入力にした深層強化学習を直接扱ってはいませんが、入力が画像でなくても構造化されたデータであれば適用することができます。例えば、第6章で紹介するAlphaGoでは、囲碁の盤面のような2次元構造データを入力にして、盤面の状態の特徴を捉えた上で強化学習を行っています。このように特徴をうまく抽出することで、直接的に環境の内部状態を知らなくても与えられたタスクを解決できることが、深層強化学習の1つの強みです。

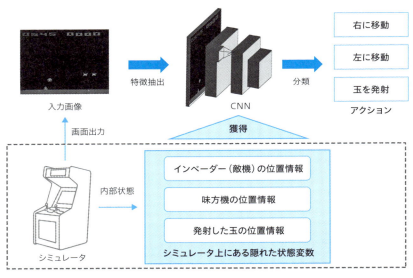

図3.22 CNNを用いてゲーム画面から特徴量を抽出

3.3 再帰型ニューラルネットワーク（RNN）

本節では、RNNの構成要素、内部での演算処理、簡単な実装について見ていきます。RNNは、時系列データのように要素の順序が意味を持つデータ構造に対して有用なアーキテクチャです。このことを踏まえて、RNNの応用例として興味深いタスクについても紹介します。

3.3.1 RNNとは

ここまでMLP、CNNといったアーキテクチャを見てきました。それでは、文章やセンサーデータといった、いわゆる時系列のデータに対してはどのようなアーキテクチャがふさわしいでしょうか。

RNN（Recurrent Neural Network：再帰型ニューラルネットワーク）は、時系列データのように要素が意味を持った順序に並んでいるデータ構造を考慮することができるアーキテクチャの1つです。

時系列データの大きな特徴として「データ点がそれぞれ独立ではなく、順序に何らかの意味がある」という仮定があります。例えば、1時間ごとの天気を表す時系列データの場合、ある日の9時の天気と同じ日の10時は関係がありそうです。また、離散なトークンの時系列データである文では、「これは私の」という部分文字列の後には、「ペン」「もの」「お気に入り」といった名詞が来そう、という文法のルールがあります。

それではまず、RNNの基本的な概念を見ていきましょう。RNN・LSTMについて、非常にわかりやすい資料（ URL http://colah.github.io/posts/2015-08-Understanding-LSTMs/）を参考にして解説を行っていきます。

RNNはループ構造、つまり再帰的な構造を持っているアーキテクチャになっています（図3.23）。

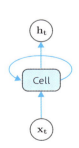

図3.23 RNNの概要図

ある時点tでの入力$\mathbf{x}_t$に対して、Cellに入力して何らかの処理を行い、中間の状態$\mathbf{h}_t$を出力します。その中間状態$\mathbf{h}_t$を次のCellの入力として、情報を伝播させていきます。上記の図3.23 を時間軸方向に展開していくと、図3.24 のようになります。

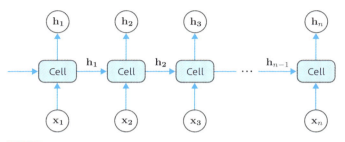

図3.24 RNNの概要展開図

例えば、図3.24 では、$t=1$のとき、$\mathbf{x}_1$が入力となり、Cellで何らかの処理を行い、$\mathbf{h}_1$を出力しています。そして、$t=2$のとき、Cellは$\mathbf{x}_2$と$\mathbf{h}_1$を入力として、$\mathbf{h}_2$を出力しています。ただし、このとき、Cellで行う処理は同じネットワークを通して実行されます。

それでは、このCellの中身はどうなっているのでしょうか。RNNの種類により変わってきますが、最も単純なRNNでは図3.25 のような仕組みになっています。

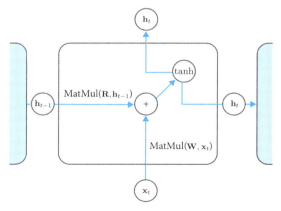

図3.25 RNNの仕組み

$$\mathbf{h}_t = \tanh(\mathbf{W}\mathbf{x}_t + \mathbf{R}\mathbf{h}_{t-1})$$ 式3.5

$\mathbf{x}_t$と$\mathbf{W}$の行列積を取ったものと、前の出力$\mathbf{h}_{t-1}$と$\mathbf{R}$の行列積を取ったものを足して、活性化関数であるtanhを通して、次の出力$\mathbf{h}_t$になっています（図3.25、式3.5）。ただし、本書ではバイアス項を無視して記述しています。どのタイムステップでも同じ重みパラメータ$\mathbf{W}$と$\mathbf{R}$を用いて演算を行います。

$\mathbf{W}\mathbf{x}_t + \mathbf{R}\mathbf{h}_{t-1}$の演算を四角で表現し、その中身を対応する活性化関数で表現すると、よりシンプルに書き下すことができます（図3.26）。

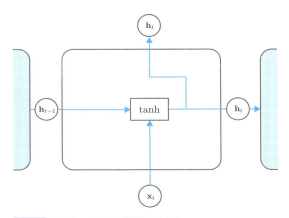

図3.26 RNNの仕組み（簡略記法版）

実際に自然言語処理の最も簡単な分類モデルを構築しながら、RNNの動作を確認していきましょう。簡易化のため、非常に小さいデータセットを使って、「映画レビューの感情分析」を行います。リスト3.6 は、movie_comment_sample.csv のデータを示したものです。

リスト3.6 映画レビューの感情分析に利用するデータ（movie_comment_sample.csv）

```
movie_comment,is_positive
"感動 した 映画",1
"号泣 した 映画",1
"つまらない",0
"楽しく ない 映画",0
"楽しい 映画",1
"面白く ない 映画",0
"つまらない 映画",0
```

今回使用するデータは、リスト3.6 のように映画のコメント文にその評価として、ポジティブな文章であれば1、ネガティブな文章であれば0を教師データと

して付与されたものです。このデータを学習して、コメント文のポジネガを判定する2値分類器の作成を行います。本節では、KerasのTokenizerを用いて前処理を行っています。また、本節でご紹介する学習・予測のRNNのコードも`simple_rnn.py`のファイルで実行することができますが、紙面上ではコードから本質的な箇所を抜粋してご紹介していきます。

上の6個を学習用に、最後の1個をテストに用いて、実際に学習していきましょう。ここでは、以下のようなモデルと前処理になっています（図3.27）。

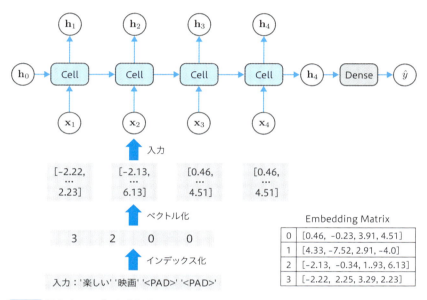

図3.27 構築するモデルと前処理

前処理の流れは以下のようになっています。

- 手順1. インデックス化
  与えられた文字列をインデックスに変換して、数値の系列に変換をする
- 手順2. ベクトル化
  それぞれの数値に対応するEmbedding Matrixの行ベクトルに置きかえる
- 手順3. モデルへ入力
  それぞれのベクトルをタイムステップごとに入力する

上記のモデルでは、Embedding Matrixという概念が出てきました。Embeddingとは、単語のインデックスのように、離散なデータの表現を低次

元データに埋め込むことです。直感的にはこの処理を通して、単語の特徴を表現するベクトルを獲得することができます。

例えば、上記の例では、楽しいという単語（インデックス3）、映画という単語（インデックス2）から、それぞれEmbedding Matrixの1行目のベクトル、2行目のベクトルを抽出しています。Embedding Matrixは最初はランダムに初期化された行列になっており、学習を行うことで次第に単語の特徴を獲得していきます。

> **COLUMN 3.1**
>
> ## Word2Vecの例
>
> 自然言語処理のWord2Vecという手法の有名な例として、"queen" − "woman" + "man" = "king"というように、単語の特徴量ベクトル（単語ベクトル）の四則演算が人間の感覚と一致するようなEmbeddingを実現したことで話題となりました。

また、モデルの出力$\hat{y}$は、文の内容がポジティブな感想（1）か、ネガティブな感想（0）か、のいずれかである確率を予測しており、アーキテクチャとしては二値分類モデルになっています。

それでは`simple_rnn.py`に記載されているモデル構築の実装を見ていきましょう（**リスト3.7**）。

リスト3.7 RNNの実装例（simple_rnn.py）

```python
# モデルの構築
def build_rnn_model():
    model = Sequential()
    model.add(
        Embedding(vocab_size, 2, input_length=max_length, ➡
                  mask_zero=True))
    model.add(SimpleRNN(3, activation='sigmoid'))
    model.add(Dense(1, activation='sigmoid'))
    model.compile(
        optimizer='adam', loss='binary_crossentropy', ➡
        metrics=['acc'])

    print(model.summary())
    return model
```

第1層目のRNNではEmbedding層を追加することで、数の系列を入力すれば内部でEmbedding Matrixを作成して学習を行ってくれます。mask_zeroを追加することでパディングを損失関数に含めない設定にすることができます（ MEMO 3.3 パディングとは）。

第2層目のSimpleRNNは、RNNの中でも最もシンプルなアーキテクチャのことを指しており、図3.27と同じものを指しています（ ATTENTION 3.1 RNNという用語）。また、図3.27の左から入力されていたh_0は、実はKerasの場合では、SimpleRNNのrecurrent_regularizerという引数のデフォルト値が呼ばれています。

そして、RNNの最後のアウトプットにDense層を追加して、最後に1か0の値を出力するアーキテクチャを構築しています。

MEMO 3.3
パディングとは

RNNにおけるパディングとは図3.27にある<PAD>というトークンのことを指しています。文章は可変長ですが、モデルは固定長のため、このように損失関数を計算しないトークンを追加して、学習を行っています。

mask_zeroを追加することでインデックス0のEmbedding Matrix（つまり、<PAD>に対応するベクトル）の学習を行わず、損失関数に影響を与えないようにしています。

ATTENTION 3.1
RNNという用語

RNNという言葉は、2通りの意味で用いられており、文脈で判断する必要があります。

1. 図3.27のRNN
2. 図3.27のRNNだけでなく、LSTM、GRUなどを包含した抽象的な概念

Kerasでは上記を区別するために、1の意味に対して、SimpleRNNと言う名前を付けていると思われます。本書では特にRNNとSimpleRNNを区別せずに表記します。

リスト3.8 モデルのサマリ（simple_rnn.py）

```
Layer (type)                Output Shape            Param #
=================================================================
embedding (Embedding)       (None, 4, 2)            20

simple_rnn (SimpleRNN)      (None, 3)               18

dense (Dense)               (None, 1)               4
=================================================================
Total params: 42
Trainable params: 42
Non-trainable params: 0
```

リスト3.8 のように、RNNで構築したモデルを確認することができます。RNN
もMLP、CNNと同様、簡単にモデルの構築を行うことができます。ただし、
RNNでは少し複雑なモデルを構築しようと思った際にKerasでの実装は難しく
なるため、TensorFlowの低レベルAPIを組合せながら実装をすることが多いで
す。

また、ここまで紹介してきた単純なRNNでは長期的な依存関係が記述できな
いといった問題点があり、長い時系列データに対しては、あまりうまくいかない
ことが知られています。

3.3.2　LSTMとは

LSTMは、従来のRNNでは難しいとされていた系列内の長期的な依存関係を
含めて学習するために考案されたアーキテクチャになっています。LSTMは単純
な構造のRNNとは違い、中間状態$\mathbf{h}_{t-1}$だけでなく、長期に記憶を保存するた
めの記憶セル$\mathbf{c}_{t-1}$を保持していて、次のセルへの入力としています。多くのタスク
において、シンプルな構造のRNNより優れた結果を出しています（**図3.28**）。

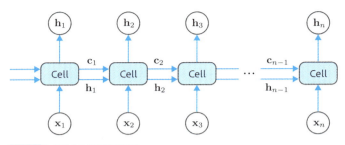

図3.28 LSTMの概要展開図

先程のRNNと比べると大分計算が複雑になりますが、先程と同じ簡略記法を採用した図3.29を見てみましょう。

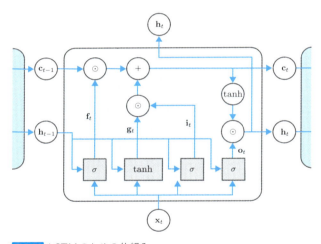

図3.29 LSTMのセルの仕組み

薄い青色の角丸四角形の箇所は、以下のように、重み行列を掛けて足した演算を行っています。

$$\mathbf{f}_t = \sigma(\mathbf{W}^f \mathbf{x}_t + \mathbf{R}^f \mathbf{h}_{t-1})　\quad 式3.6$$
$$\mathbf{g}_t = \tanh(\mathbf{W}^g \mathbf{x}_t + \mathbf{R}^g \mathbf{h}_{t-1})　\quad 式3.7$$
$$\mathbf{i}_t = \sigma(\mathbf{W}^i \mathbf{x}_t + \mathbf{R}^i \mathbf{h}_{t-1})　\quad 式3.8$$
$$\mathbf{o}_t = \sigma(\mathbf{W}^o \mathbf{x}_t + \mathbf{R}^o \mathbf{h}_{t-1})　\quad 式3.9$$

中間層の出力である$\mathbf{c}_t$と$\mathbf{h}_t$は、以下のようになります。

$$\mathbf{c}_t = \mathbf{f}_t \odot \mathbf{c}_{t-1} + \mathbf{g} \odot \mathbf{i}　\quad 式3.10$$
$$\mathbf{h}_t = \mathbf{o}_t \odot \tanh(\mathbf{c}_t)　\quad 式3.11$$

ただし、上記の式でもバイアス項は省略しているため、実際にはそれぞれの **式3.6** 、 **式3.7** 、 **式3.8** 、 **式3.9** の式において、関数引数の中で、$\mathbf{b}_f$、$\mathbf{b}_g$、$\mathbf{b}_i$、$\mathbf{b}_o$ が加算されていることに注意してください。

計算式としては少し複雑なものになっていますが、LSTMもKerasでは簡単に実装を行うことができます。本節でご紹介するLSTMは `simple_lstm.py` のコードに対応しています（ **リスト3.9** ）。

リスト3.9 LSTMの実装例（simple_lstm.py）

```python
# モデルの構築
def build_lstm_model():
    model = Sequential()
    model.add(
        Embedding(vocab_size, 2, input_length=max_length, ➡
                    mask_zero=True))
    model.add(LSTM(3, activation='sigmoid'))
    model.add(Dense(1, activation='sigmoid'))
    model.compile(
        optimizer='adam', loss='binary_crossentropy', ➡
        metrics=['acc'])

    print(model.summary())
    return model
```

先程の `SimpleRNN` と記載されていた箇所が `LSTM` に置きかわっただけです。それでは、モデルのサマリを見てみましょう（ **リスト3.10** ）。

リスト3.10 モデルのサマリ（simple_lstm.py）

```
Layer (type)              Output Shape          Param #
=======================================================
embedding (Embedding)     (None, 4, 2)          20

lstm (LSTM)               (None, 3)             72

dense (Dense)             (None, 1)             4
=======================================================
```

```
Total params: 96
Trainable params: 96
Non-trainable params: 0
```

　サマリの結果を見てみると、先程よりパラメータが増えたことがわかります。また、実際に学習を行うと、`SimpleRNN`を使ったモデルより学習に時間がかかることがわかるかと思います。

　このように、セルの中身を変更することで、簡単にモデルを変更することができました。一般的には、`SimpleRNN`、`LSTM`、`GRU`の3種類のRNNを使用することが多いかと思います。Kerasではデフォルトでそれぞれのセルを実装した層も入っていますし、セルの中身をカスタマイズして使用することも可能です。

　また、少し特殊ですが、自然言語などを扱うときに、精度向上のために、左からトークンを順に入れていった結果と右からもトークンを入れていった結果を組合せて、RNNモデルを構築していくことがあります。このようなモデルは双方向モデル（Bidirectional model）と呼ばれています。こちらもKerasの`Bidirectional`というラッパークラスを使用して、双方向の`SimpleRNN`、`LSTM`などが簡単に実装できます。

📝 COLUMN 3.2

RNNの学習について

　本章の冒頭で触れた、Define-and-Run、Define-by-Runは、RNNの実装の仕方や学習結果にも大きく関わってきます。例えば、Define-and-Runでは固定長のグラフを想定しているため、可変長の系列を無理やり固定長に変換して、Paddingをする必要があります。そのため、Paddingの箇所を無視するような実装を行わないと、Define-by-Runと同じ結果になりません。また、Define-by-Runでは長い文章を入力する際に、常にStateを引き継いでいますが、Define-and-Runの固定長のモデルでは長い文章を入れた際にStateをリセットしてしまわないように学習を行わないと、結果が変わってしまうことがあります。

📦 3.3.3　RNNの応用

　前項では時系列データに対して有用なアーキテクチャであるRNNを見てきました。RNNも、CNNと同様、時系列データの特徴を抽出し、様々な応用に用い

られています。本項では、特に、特徴抽出と系列データの生成という観点で応用事例に焦点を当てて見ていきましょう。

● 対話文生成

　Seq2Seqと呼ばれるモデルが対話生成の基本的なモデルになっています。発話・応答のペアを学習させることで、発話から応答を生成することを目的としています。特に2015年の「A Neural Conversational Model」では[※4]、映画の字幕データやIT系のヘルプデスクのやり取りのデータを使い、自然な会話文を生成できることを示したことで注目を集めました。

　こちらはいわゆるエンコーダ・デコーダ型のRNNになっており、エンコーダ箇所（Contextが入力になっている箇所）は発言の特徴を抽出して、デコーダ箇所（Replyが入力となっている箇所）で応答の生成を行っているモデルになっています（図3.30）。

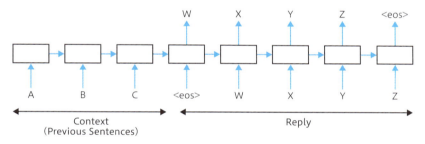

図3.30 A Neural Conversational Modelのモデル図

● 機械翻訳

　機械翻訳の歴史は古く、1950年代の第1次AIブームの頃には既に注目の研究分野となっていました。当時はルールベースの手法でしたが、統計的な手法を経て、現在では深層学習が使われるようになってきています。

　2016年11月に行われたGoogle翻訳のアップデートでは、英日翻訳の精度が劇的に改善し話題となりました。このアップデートで、翻訳のアルゴリズムが深層学習を用いた手法（GNMT：Google's Neural Machine Translation）に置

※4　Oriol Vinyals, Quoc Le, "A Neural Conversational Model" in ICML Deep Learning Workshop 2015.
　　URL　https://arxiv.org/abs/1506.05869

き換わっていると言われています（figure3.31）。様々な工夫がされていますが、ベースとなっているものは、対話文生成と同じ構造のエンコーダ・デコーダ式のモデルです。

文章生成

対話生成とは少し毛色が違うものですが、デコーダ部分だけを用いて生成するのが基本的なモデルとなっています。文章生成は様々な応用タスクに用いることのできる1つの重要なコンポーネントになっています。例えば、上記の機械翻訳や対話文生成のデコーダ部分として用いることができたり、画像を入力にして、説明文を生成するイメージキャプショニングなどへの応用が考えられます（図3.32）。

図3.32 画像から特定のオブジェクトの説明文を生成する例（Deep Visual-Semantic Alignments for Generating Image Descriptionsの概要図）

また、文章生成単体のアプリケーションとして、小説文の生成やポエムの生成などがあります（図3.33）。実際に、文章生成の技術を用いて、星新一の作品を分析して人工知能に創作させるプロジェクト「きまぐれ人工知能プロジェクト『作家ですのよ』」が進められています。本書の**7.1節**でも、SeqGANと呼ばれる技術を用いて、文章生成を行っています。

白鷺窺魚立， Egrets stood, peeping fishes. 青山照水开． Water was still, reflecting mountains. 夜来风不动， The wind went down by nightfall, 明月見楼台． as the moon came up by the tower.	满怀风月一枝春， Budding branches are full of romance. 未见梅花亦可人． Plum blossoms are invisible but adorable. 不为东风无此客， With the east wind comes Spring. 世间何处是前身． Where on earth do I come from?

図3.33 Chinese Poetry Generation with Recurrent Neural Networksで生成されたポエムの例

応用先は他にもまだまだ考えられます。特に強化学習と組合せることで、面白い応用先があり、本書では、SeqGANによる文章生成（**7.1節**）、Actor Criticを

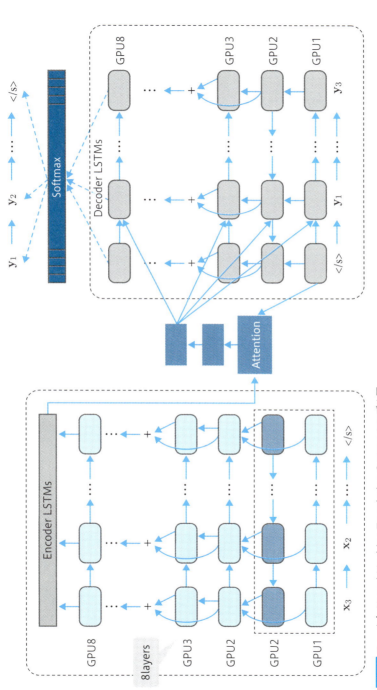

図 3.31 Google's Neural Machine Translation System のモデル図

用いた巡回セールスマン問題の探索（**6.2節**）、ENASによるニューラルネットワークの構造探索（**7.2節**）を紹介しています。

CHAPTER 4 深層強化学習の実装

第3章でも紹介したように、深層ニューラルネットワークは画像認識や自然言語処理など、様々なタスクにおいて近年非常に大きな成果を挙げています。この深層ニューラルネットワークを強化学習の枠組みに適用したものが、**深層強化学習**と呼ばれています。

強化学習の実装において大きな問題となるのが、方策や行動価値関数をどのように表現・近似するかということです。例えば、ある状態や行動1つ1つに対応した値を持つような構造だと、行動や状態の次元が多い問題になるほどその組合せは膨大になるので、現実的な計算時間で解けなくなってしまいます。

深層強化学習は、これらの方策や行動価値関数を深層ニューラルネットワーク（Deep Neural Network, DNN）で近似することで、方策・行動価値関数のパラメータを効率的に保存・更新することを実現しています。

第4章では、まず**4.1節**で深層強化学習が発展した背景について簡単に紹介します。**4.2節**では、深層強化学習において基本となる価値ベース（行動価値関数をDNNで近似する）の手法として**Deep Q Network（DQN）**を実装とともに紹介します。また、**4.3節**では方策ベース（方策をDNNで近似する）の手法として**Actor-Critic モデル**を紹介します。

4.1 深層強化学習の発展

ここでは、現在注目されている深層強化学習について、その成り立ちから現在までを紹介します。さらに、強化学習において欠かせない要素であるシミュレータの役割を説明し、最もよく利用されているシミュレータの1つであるOpenAI Gymを例に挙げてその使い方を紹介します。

4.1.1 Deep Q Network（DQN）の登場

Deep Q Network（DQN）は、2015年にDeepMindにより開発されたアルゴリズムです。このとき、Atari2600のゲームのほとんどにおいて従来手法を上回り、半分以上のゲームにおいて人間のプロゲーマーと同等以上の性能を発揮したことで、話題になりました。Atari2600は、1977年にアメリカのアタリ社が開発したゲーム機で、収録されている「スペースインベーダー」や「パックマン」などのゲームが強化学習のアルゴリズム研究においてベンチマークとして用いられています（図4.1）。

深層学習と強化学習を組合わせるという発想自体は以前からありましたが、安定的に学習することができませんでした。DQNは、様々なテクニックを用いることでそれを克服し、学習を安定させることができた初めての事例です。

図4.1 Atari2600のゲーム画面
出典 『Playing Atari with Deep Reinforcement Learning』（Volodymyr Mnih、Koray Kavukcuoglu、David Silver、Alex Graves、Ioannis Antonoglou、Daan Wierstra、Martin Riedmiller）
URL https://arxiv.org/pdf/1312.5602.pdf

4.1.2 強化学習で利用するシミュレータ（OpenAI Gym）

本節では、OpenAI Gym（URL https://github.com/openai/gym）の環境を利用して、Deep Q Network（DQN）の実装方法を紹介します。Q学習について詳しく知りたい読者は、**2.4.2項**の解説を参照してください。

OpenAI Gymは、強化学習の開発においてよく用いられるオープンソースの物理シミュレータです。これらのシミュレータは、強化学習のアルゴリズムが解く問題・環境を提供しており、様々な強化学習アルゴリズムの性能を評価することに役立てられています。

　また、OpenAI Gymでは環境から情報を取得する方法が統一されているため、扱いやすいという点も広く使われている要因になっています。

　OpenAI Gymが提供する環境の1つであるPendulum v0（ URL https://github.com/openai/gym/wiki/Pendulum-v0）を例にして、OpenAI Gymの使い方を簡単に説明します。Pendulum v0は、棒の片方が固定されたような振り子のシミュレータで、振り子を上方向に立てることを目的としています（ 図4.2 ）。

図4.2　Pendulum v0

　まず、PythonからOpenAI Gymを実行するために、コードセル上でOpenAI Gymをインストールします。これだけで準備は完了です。ちなみに、付属のColaboratory環境およびDocker環境においては、OpenAI Gymは既にインストールされており、コードセルの実行は不要です。

[コードセル]

```
!pip install gym
```

　それでは、 リスト4.1 のPythonのコードを実行して実際にシミュレータを動かしてみましょう。

リスト4.1 シミュレータを動かすコマンド

[コードセル]

```
import gym
env = gym.make('Pendulum-v0')
env.reset()
for i in range(3):
    action = env.action_space.sample()
    state, reward, done, info = env.step(action)
    print("action:{}, state:{}, reward:{}".format(➡
action, state, reward))
```

[実行結果]

```
action:[0.19525401], state:[0.35557368 0.93464826 ➡
1.50488233], reward:-1.344980743627797
action:[0.86075747], state:[0.2442815   0.96970436 ➡
2.33498215], reward:-1.684705322164583
action:[0.4110535], state:[0.09045893 0.99590019 ➡
3.12391844], reward:-2.298405865251521
```

　まず、gym.makeの引数に実行したいシミュレータを選択して、環境インスタンスを作成します。ここではenvがシミュレータPendulum v0の情報を持ったオブジェクトになっています。環境インスタンスは、利用する前に必ずenv.resetにより初期化します。

　環境の主な役割は、エージェントが選択した行動に対して報酬と次の状態を与えることであり、env.stepがこれに対応しています。env.stepに適当なaction（行動）を渡すことでstate（次の状態）・reward（報酬）・done（終了条件が満たされたかどうか）が返されます。

　サンプルコードではenv.action_space.sampleにより適当な行動を選択してenv.stepに渡していますが、環境が対応している範囲であれば、選択する行動はどんな値でも構いません。

　env.stepによって返される行動・状態・報酬の値は、環境によって異なっておりPendulum v0の場合は **表4.1** に示すように設定されています。

表4.1 OpenAI Gym の Pendulum v0における設定値の概要

設定値	概要	値の次元、範囲
状態	振り子の角度と角速度	3次元の値
行動	振り子に作用する力	[-2 ~ 2]
報酬	同時刻における振り子の状態と行動をもとに算出	[-16.2736 ~ 0]
終了条件	最大ステップ数に到達	True or False

　Pendulum v0は振り子を立てることを目的としているので、振り子の先が上を向いているほど報酬が高くなるよう設計されています。詳細に関しては、OpenAI Gymのgithubに記載されています。

● **OpenAI Gym**
　URL　https://github.com/openai/gym

MEMO 4.1

レンダリングに関して

　Open AI Gymをはじめとする物理シミュレータには、シミュレーションの実行結果をコンピュータグラフィックスによる動画として可視化する機能があります。この機能のことをレンダリングと言います。本書で扱うOpen AI Gymやpybullet-gymでは、`env.render()`というコマンドにより、実行結果をレンダリングすることができます。

　ただし、本書の推奨環境であるDockerやColaboratoryではGUIの描画を行うウィンドウを持っていないため、直接env.render()の結果を閲覧することができません。そのため、本書の**第4章**、**第5章**では、xvfb-runというコマンドを用いて、仮想ディスプレイ上で描画を行い、描画した結果を動画ファイル（mp4形式）に出力しています。

　予測制御を実行するpredict.pyの中では、実行結果を動画ファイルに出力する処理が入っています。したがって、以下のコマンドを実行すると、仮想ウィンドウに描画された結果を動画ファイルに出力することができます。

[コードセル]

```
!xvfb-run -s "-screen 0 1280x720x24" python3 predict.py {weight_path}
```

Part 1_基礎編   Part 2_応用編

4.2 行動価値関数の ネットワーク表現

ここでは、最も早い時期に成果を上げた深層強化学習アルゴリズムであるDeep Q Network（DQN）について解説します。DQNアルゴリズムでは、行動価値関数を深層ニューラルネットワークで近似するために様々な工夫が考案されており、その中でも代表的なものを紹介します。また、後半では実際にシミュレータを使ってDQNアルゴリズムに学習させ、その実装について解説します。

4.2.1　DQNアルゴリズム

Deep Q Network（DQN）アルゴリズムは、**2.4.2項**で解説したQ学習をベースにして行動価値関数に深層ニューラルネットワークを適用したアルゴリズムです。

最も単純なQ学習では、ある状態に対する価値を1つ1つ表のような形（テーブル形式）で保存することで行動価値関数を表現していました。これを深層ニューラルネットワークに代替することにより改善された点は、連続値の状態を扱えるようになったことと、画像やテキストデータなどを状態の入力としてそのまま扱えるようになったことです。

画像やテキストデータは、プログラムの処理上は数字や記号の羅列であり、それ自体を直接解釈することはできません。しかし、深層ニューラルネットワークは画像認識や自然言語処理で高い性能を発揮していることからもわかるように、直接的な解釈が難しいデータから特徴や意味を抽出することが得意です。これが深層強化学習においても威力を発揮し、現実世界から直接得られる情報をほぼそのままの形でアルゴリズムの入力として与えられるようになりました。

DQNでは、行動価値関数を深層ニューラルネットワークによって近似しますが、単純に適用しても様々な問題により学習が安定せず、ネットワークのパラメータが収束しません。

DQNアルゴリズムでは、それらの問題に対していくつかの工夫が考えられており、その中でも基本となるものを以下に紹介します。

$$\delta_{t+1} = R_{t+1} + \gamma \max_a Q_t(S_{t+1}, a) - Q_t(S_t, A_t)$$ 式2.30

$$Q_{t+1}(s, a) = Q_t(s, a) + \alpha \, \delta_{t+1} \mathbf{1}(S_t = s, A_t = a)$$ 式2.31

DQNでは、行動価値関数をうまく近似するために様々な工夫がされていますが、その中で基本となるものを紹介します。

◎ DQNのネットワーク構造

DQNでは、深層ニューラルネットワークで行動価値関数を近似しますが、まず問題となるのがどのようなネットワークで行動価値関数を近似するかということです。単純に考えて行動価値関数の引数・返り値をネットワークの入出力と同じになるようにすると、行動と状態の組(s, a)を入力として1つの値$Q_t(s, a)$が出力されるネットワークを構築すればよいでしょう。

しかし、Q学習におけるQ関数の更新ではTD誤差を求める際に$\max_{a \in \mathcal{A}(s)} Q_t(s, a)$を計算するので、選択肢となるすべての行動$a \in \mathcal{A}(s)$に対して$Q(s, a)$を計算する必要があります。先程考えたネットワーク構造だと、選択肢となる行動の数だけネットワークに計算させることになってしまいます（ 図4.3 ）。

これに対しDQNのネットワーク構造は、 図4.4 のように状態のみを入力として各行動$a \in \mathcal{A}(s)$に対応する行動価値$Q_t(s, a)$すべてを出力とすることで、1つの状態sについて必要な行動価値を一度に出力することができるよう工夫しています。

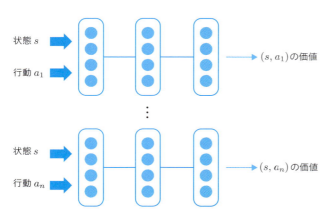

図4.3 Q関数の直接的なニューラルネットワーク表現

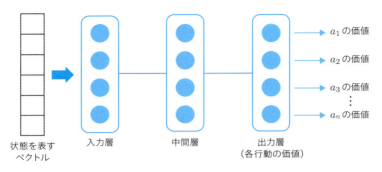

図4.4 DQNのネットワーク構造

● experience replay（経験再生）

　experience replayは、パラメータ更新に利用する経験（観測された状態・行動・報酬の系列）における相関を取り除くための工夫です。

　エージェントは状態遷移とともに状態・行動・報酬の系列を得るため、これらの系列は状態を通じて強い相関があります。この系列をそのまま学習に用いると、直近の系列に偏ったパラメータの更新を行うことになるため、逆に過去の系列への推定が悪くなり、学習が振動・発散しやすくなります。

　こうした状況を抑制するため、エージェントにより観測された状態・行動・報酬・次の状態 $\{s, a, r, s'\}$ を貯めておき、Q関数を更新する際にそれらからサンプリングした系列を利用します。この工夫により、一度の経験を何度も利用できる上、相関の少ない系列を学習に利用できるため、サンプリング効率性が良くなり結果的に学習が収束しやすくなります。

　なおこの手法は、更新に利用する経験が現在の方策により集められていなくてもよい方策オフ型のアルゴリズムでのみ利用できます。

● reward clipping

　Q学習において、ある状態における行動の価値は得られる報酬の値によって決められるため、報酬の値自体が行動価値関数の推定に大きな影響を与えます。報酬が大きすぎる値を持っていると、たまたま高い報酬を受け取った行動を過剰に評価してしまい、結果的に収束が遅くなることがあります。

　これを避けるため、成功したときの報酬の値を1, 失敗したときの報酬の値を-1, それ以外を0に制限します。この工夫はreward clippingと呼ばれ、学習を安定させる効果が知られています。

● double network

Q学習では行動価値関数の目標値を最適行動価値関数 $q_*(s,a)$ の代わりに $\max_{a \in \mathcal{A}(s)} Q_t(s,a)$ で与えるため、パラメータの更新が $Q_t(s,a)$ による近似の上方向の誤差に影響を受けやすい性質があります。それゆえ、目標値が本来より高く見積もられた結果、エージェントの行動が高めに評価されることが多くなり、パラメータ更新に悪影響を与えます。

この影響を減らすため、TD 誤差の計算において、行動を選択するためのネットワークと行動価値関数の目標値を計算するためのネットワークを分けるという手法が **Double DQN** です（ 図4.5 ）。行動を選択するためのネットワークをメインネットワーク、目標値を計算するためのネットワークをターゲットネットワークと呼びます。

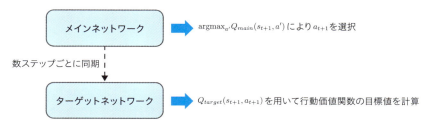

図4.5 Double DQN の概念図

パラメータ更新に必要な TD 誤差の計算において、$\max_a Q_t(S_{t+1}, a)$ の計算を 1 つのネットワークで行う代わりに、メインネットワークで、

$$a_{t+1} = \arg\max_{a'} Q_{main}(s_{t+1}, a')$$

により次の時点の行動を選択し、選択した行動に対応する行動価値関数の目標値、

$$target = R_{t+1} + \gamma Q_{target}(s_{t+1}, a_{t+1})$$

をターゲットネットワークにより計算します。

毎ステップの TD 誤差を用いたパラメータ更新はメインネットワークのみで行われ、ターゲットネットワークは数ステップごとにメインネットワークのパラメータと同期されますが、それ以外では固定されています。

4.2.2 Deep Q Network（DQN）アルゴリズムの実装

それでは、実際にOpenAI Gymの`Pendulum-v0`についてDouble DQNアルゴリズムの実装を解説します。

図4.6 に示す構成で実装を行っています。この中でも特に重要なのは`train.py`と`model.py`です。

```
4-2_dqn_pendulum
        ├── agent
        │       ├── model.py   #  Q関数のニューラルネットワークによる実装
        │       └── policy.py   #  ε-greedy方策の実装
        ├── train.py     #  エージェントの強化学習を実行する
        ├── predict.py   #  学習済みの方策を用いてpredictを実行する
        ├── util.py      #  学習時に使用する関数などを定義する
        └── result       #  実行結果の出力先
```

図4.6 Pythonコードの構成

行動価値関数$Q(s, a)$を表現するニューラルネットワークは`model.py`に実装しており、このネットワークの学習を`train.py`で行います。また、`train.py`では必要に応じて`agent`や`util.py`に含まれる関数を利用します。

● ネットワークの構成

まず、Double DQNアルゴリズムで中心となるネットワークについて解説します。行動価値関数を近似するために必要なモデルは`model.py`の`Qnetwork`クラスで定義されており、この中にメインネットワークとターゲットネットワークのパラメータをそれぞれ保持します。

リスト4.2 は、`Qnetwork`クラスのネットワークを生成する部分のみを抜き出したものです。

リスト4.2 `Qnetwork`クラスのネットワークを生成する部分（model.py）

```
class Qnetwork:

    def __init__(self,
                    dim_state,
                    actions_list,
                    gamma=0.99,
```

```python
                lr=1e-3,
                double_mode=True):
        self.dim_state = dim_state
        self.actions_list = actions_list
        self.action_len = len(actions_list)
        self.optimizer = Adam(lr=lr)
        self.gamma = gamma
        self.double_mode = double_mode

        self.main_network = self.build_graph()
        self.target_network = self.build_graph()
        self.trainable_network = \
            self.build_trainable_graph(self.main_network)

    def build_graph(self):
        nb_dense_1 = self.dim_state * 10
        nb_dense_3 = self.action_len * 10
        nb_dense_2 = int(
            np.sqrt(self.action_len * 10 *
                    self.dim_state * 10))

        l_input = Input(shape=(self.dim_state,),
                        name='input_state')
        l_dense_1 = Dense(nb_dense_1,
                        activation='relu',
                        name='hidden_1')(l_input)
        l_dense_2 = Dense(nb_dense_2,
                        activation='relu',
                        name='hidden_2')(l_dense_1)
        l_dense_3 = Dense(nb_dense_3,
                        activation='relu',
                        name='hidden_3')(l_dense_2)
        l_output = Dense(self.action_len,
                        activation='linear',
                        name='output')(l_dense_3)

        model = Model(inputs=[l_input],
                    outputs=[l_output])
        model.summary()
        model.compile(optimizer=self.optimizer,
```

```
                        loss='mse')
        return model

    def build_trainable_graph(self, network):
        action_mask_input = Input(
            shape=(self.action_len,), name='a_mask_inp')
        q_values = network.output
        q_values_taken_action = Dot(
            axes=-1,
            name='qs_a')([q_values, action_mask_input])
        trainable_network = Model(
            inputs=[network.input, action_mask_input],
            outputs=q_values_taken_action)
        trainable_network.compile(
            optimizer=self.optimizer,
            loss='mse',
            metrics=['mae'])
        return trainable_network
```

2つのネットワークは、`__init__`関数の中でビルドします。各ネットワークの中間層は、すべて全結合層（Dense）で構成されています。

どちらのネットワークも state を入力として、action の選択肢すべてに対応したQ値を出力する形になっていますが、メインネットワークのほうは、パラメータ更新のために state, action を入力として1つのQ値を出力する形の trainable_network も生成します。

● Double DQNによる学習

学習の主要部分は、train.py に実装されていますが、ここで解説するには少々入り組んでいます。そこで、解説の見通しをよくするため、リスト4.3 に train.py の処理内容を擬似コードにして抜粋しました。

リスト4.3 train.py の擬似コード

```
# パラメータの設定
actions_list = [-1, 1]   # 行動（action）の取りうる値のリスト
gamma = 0.99   # 割引率
epsilon = 0.1   # ε-greedyのパラメータ
memory_size = 10000
```

```python
batch_size = 32
# インスタンスの準備
env = gym.make('Pendulum-v0')
q_network = Qnetwork(dim_state,
                     actions_list,
                     gamma=gamma)  # Double Network
policy = EpsilonGreedyPolicy(
    q_network, epsilon=epsilon)  # ε-greedy方策
memory = []  # experience replay用のメモリ
for episode in range(300):
    state = env.reset()
    for step in range(200):
        # 方策に基づいて行動を選択
        action, epsilon, q_values = policy.get_action(
            state, actions_list)
        # 環境から次の状態と報酬を取得
        next_state, reward, done, info = env.step(
            [action])
        # reward clipping
        if reward < -1:
            c_reward = -1
        else:
            c_reward = 1
    # experience replay (経験再生)
    memory.append(
        (state, action, c_reward, next_state, done))
    exps = random.sample(memory, batch_size)
    # メインネットワークのパラメータを更新
    loss, td_error = q_network.update_on_batch(exps)
    # ターゲットネットワークへ重みの一部を同期
    q_network.sync_target_network(soft=0.01)
    state = next_state
```

メインループ内の処理は以下の通りです。

1. 行動の選択
2. 状態と報酬を取得
3. 経験をメモリに保存・サンプリング
4. 経験をもとにネットワークを更新

この一連の過程を1stepと数え、終端条件を満たすか最大ステップ数に達するまで繰り返します。また、はじめのステップが始まってから終端条件か最大ステップ数のどちらかを満たすまでを1エピソードとし、エピソードが終了するたびに状態はリセットされます。

以降では、ループ内の処理1〜4を1つずつ解説します。

● 処理1. 行動の選択

行動の選択はε-greedy方策で行っており、policyのメソッドであるget_action関数で実装されています（**リスト4.4**）。ε-greedy方策は$\varepsilon = 0.1$の割合でランダムな行動を選択し、それ以外のgreedyな行動選択では、行動価値関数を表現するネットワークによってQ値が最も大きくなるような行動を選択しています。

リスト4.4 ε-greedy方策による行動選択（policy.py）

```python
def get_action(self, state, actions_list):
    is_random_action = (np.random.uniform() <
                        self.epsilon)
    if is_random_action:
        q_values = None
        action = np.random.choice(actions_list)
    else:
        state = np.reshape(state, (1, len(state)))
        q_values = self.q_network.main_network.predict_➡
on_batch(
            state)[0]
        action = actions_list[np.argmax(q_values)]
    return action, self.epsilon, q_values
```

● 処理2. 状態と報酬を取得

選択した行動に基づいて、環境から「次の状態」と「報酬」を取得します。実装では、報酬を受け取った後にreward clippingを行っています。学習の対象であるPendulum v0の与える報酬の範囲は[-16.2736044 〜 0]なので、報酬の値が-1以上のときを成功、-1未満のときを失敗と見なして報酬の値を補正しています。

処理 3. 経験をメモリに保存・サンプリング

　取得した経験をリストで表現するメモリバッファに保存します。その後、相関のない経験を得るためにメモリバッファから無作為に経験をサンプリングします。実装では、ネットワークの効率的な学習のために、指定したバッチサイズ分だけ経験をサンプリングして更新に利用しています。

　ここで問題となるのが、ループ回数がまだ若い状況において経験を十分にメモリバッファに貯められていないことにより、同じ経験ばかりをサンプリングしてしまうということです。これを回避するため、メインループを実行する前にメモリバッファに経験を貯めておく warm up という処理をすることが多いです。

リスト4.5 warm up の実装 (train.py)

```python
while True:
    step += 1
    total_step += 1

    action = random.choice(actions_list)
    epsilon, q_values = 1.0, None

    # arrayにしないとIndexErrorを起こす
    next_state, reward, done, info = env.step(
        [action])

    # reward clipping
    if reward < -1:
        c_reward = -1
    else:
        c_reward = 1
    memory.append(
        (state, action, c_reward, next_state, done))
    state = next_state

    if step > max_step:
        state = env.reset()
        step = 0
    if total_step > n_warmup_steps:
        break
memory = memory[-memory_size:]
```

リスト4.5 のように、ランダムな行動により経験を生成しメモリバッファに入力するという操作をメモリバッファが埋まるまで実行します。

● 処理4. 経験をもとにネットワークを更新

　メモリバッファからサンプリングした経験 $\{s, a, r, s'\}$ をもとに行動価値関数の目標値 y を計算し、ネットワークのパラメータを更新します。実装では Double DQN を採用しているため、

「行動価値関数の目標値を計算」
　　　　　　↓
「メインネットワークの更新」
　　　　　　↓
「メインネットワークの重みの一部をターゲットネットワークに反映」

という手順で更新が行われます。

　Qnetwork クラスのメソッドである update_on_batch で行動価値関数の目標値の計算とメインネットワークの更新が行われます。

リスト4.6 ネットワークパラメータの更新 (model.py)

```python
def update_on_batch(self, exps):
    (state, action, reward, next_state,
     done) = zip(*exps)
    action_index = [
        self.actions_list.index(a) for a in action
    ]
    action_mask = np.array([
        idx2mask(a, self.action_len)
        for a in action_index
    ])
    state = np.array(state)
    reward = np.array(reward)
    next_state = np.array(next_state)
    done = np.array(done)

    next_target_q_values_batch = \
        self.target_network.predict_on_batch(next_state)
    next_q_values_batch = \
        self.main_network.predict_on_batch(next_state)
```

❶

```python
    if self.double_mode:
        future_return = [
            next_target_q_values[np.argmax(
                next_q_values)]
            for next_target_q_values, next_q_values
            in zip(next_target_q_values_batch,
                    next_q_values_batch)
        ]
    else:
        future_return = [
            np.max(next_q_values) for next_q_values
            in next_target_q_values_batch
        ]

    y = reward + self.gamma * \
        (1 - done) * future_return
    loss, td_error = \
        self.trainable_network.train_on_batch(
        [state, action_mask], np.expand_dims(y, -1))

    return loss, td_error
```

❷

❸

　まず、行動価値関数の目標値を求めるために必要な$\max_a Q_t(S_{t+1}, a)$の近似値を計算します。予め、**リスト4.6** ❶でバッチの各状態を入力としてメインネットワークとターゲットネットワークのQ値のリストを作っておきます。メインネットワークのQ値の中で最大となる値のインデックスを取ることで行動を選択し、ターゲットネットワークのQ値の中で選択したインデックスに対応したQ値を$\max_a Q_t(S_{t+1}, a)$の近似値として採用します。

　リスト4.6 ❷は$\max_a Q_t(S_{t+1}, a)$の近似値である`future_return`と`reward`（報酬）、`gamma`（割引率）をもとに行動価値関数の目標値`y`を計算します。

　リスト4.6 ❸の`self.trainable_network.train_on_batch`関数では、平均二乗誤差（MSE）を損失関数（loss関数）として目標値`y`と`trainable_network`の出力との差が最小になるようネットワークのパラメータ更新をします。`self.trainable_network.train_on_batch`関数に渡されている`action_mask`は、`action`をone-hotベクトルに変換したもので、実際に選択された`action`に対応するインデックスには1、それ以外には0が入っているベク

トルです。メインネットワークは行動の選択肢すべての行動価値を出力するので、そのままでは目標値と比較できません。上記の実装では trainable_network でメインネットワークの出力と action_mask の内積を取ることにより action に対応した行動価値のみをとりだして目標値と比較し、パラメータ更新できるようにしています。

train_on_batch 関数はネットワークの予測値と目標値をもとに計算された loss と metric の値を返します。ネットワークのビルドの部分で metric を平均絶対誤差（MAE）としたため、計算される metric は以下となります。

$$metric = |R_{t+1} + \gamma Q_{target}(S_{t+1}, a_{t+1}) - Q(S_t, A_t)|$$

これは TD 誤差と一致するため、metric に MAE を指定することでパラメータ更新の過程における TD 誤差も監視することができます。

また、メインネットワークの更新の後、sync_target_network メソッドにより重みの一部がターゲットネットワークに反映されます（ リスト4.7 ）。

 リスト4.7 ターゲットネットワークへの重みの同期（model.py）

```python
def sync_target_network(self, soft):
    weights = self.main_network.get_weights()
    target_weights = \
        self.target_network.get_weights()
    for idx, w in enumerate(weights):
        target_weights[idx] *= (1 - soft)
        target_weights[idx] += soft * w
    self.target_network.set_weights(target_weights)
```

 リスト4.7 の sync_target_network 関数は、メインネットワークのパラメータを完全にターゲットネットワークに反映するのではなく、メインネットワークとターゲットネットワークの重み付き和を用いています。

メインネットワークに対する重みの係数を soft としてターゲットネットワークのパラメータは以下のように更新されます。

$$W_{target} = (1 - soft)W_{target} + soft * W_{main}$$

4.2.3 学習結果

4.2.2項の実装をもとに、OpenAI Gymの環境`Pendulum-v0`に対してDouble DQNによる学習を行いました。振り子を立たせるための行動価値関数がうまく学習できているかどうかを評価するために、以下の3つの指標を監視します。

- 損失（loss）
- TD誤差
- 平均報酬

基本的には、得られる報酬の値が大きくなることを目的にしているため、1エピソード内での平均報酬を見ることで、どれほどうまく学習できているかがわかります。

損失（loss）はネットワークのパラメータ更新において計算される目標値とネットワークによる推定値とのMSEを表しているため、値が低いほど目標の値に近づいていることがわかります。TD誤差も同様に目標値と推定値の差を表しますが、MAEで計算されるため目標値と推定値の差が大きい場合でも、MSEほど大きな値になりません。

1エピソードごとにこれら3つの指標を記録したものを **図4.7** に示します。

1エピソードごとにブレはありますが、90エピソード付近で報酬の値が明らかに大きくなっており、うまく学習できていることがわかります。また、報酬の値は大きくなっているにもかかわらず損失・TD誤差の値が稀に大きくなることに関しては解釈が難しいですが、Q値の分布がロングテイルな分布になっているため、振り子がちょうど真下に向いているときなど左右どちらに動いても等価である状態での行動の学習が難しいということが考えられます。

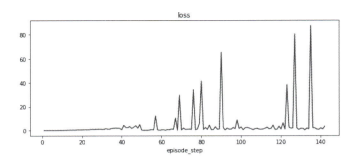

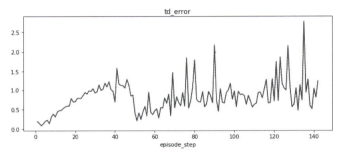

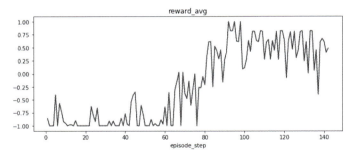

図4.7 Double DQNによる倒立振子制御の学習結果

4.3 方策関数のネットワーク表現

本節では、深層強化学習の方策ベース手法による実装例として、第2章で解説したActor-Criticモデルによる倒立振子制御を紹介します。環境モデルは、前節と同様、OpenAI GymのPendulum v0を使用します。方策ベース手法では、連続変数の制御も可能であり、振子に及ぼされるトルクをそのまま連続変数として扱うことも可能です。ここでは、前節との比較のため、連続トルクを2値化して扱います。行動空間が連続である場合の制御については、第5章で詳しく解説します。

4.3.1 Actorの実装

Actorは、確率的方策関数$\pi(a|s, \theta)$そのものです。これをニューラルネットワークにより実装します。モデルパラメータθはニューラルネットワークの重み係数を表します。入力変数は、振子の状態を表す3次元の連続変数(振子重心の2次元座標+角速度)として与えられます。この入力は、全結合による3つの中間層を経て2値化された行動変数θそれぞれの選択確率として出力されます(図4.8)。具体的には、行動変数$a \in \{-1, 1\}$に対応する出力ノード$\xi(s, a; \theta)$が、softmax関数を介して確率値に変換されます。

$$\pi(a|s, \theta) = \frac{\exp(\xi(s, a; \theta))}{\sum_{a'} \exp(\xi(s, a'; \theta))}$$

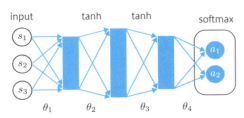

図4.8 方策確率を出力するニューラルネットワーク

4.3.2 Criticの実装

Criticは、方策勾配の評価に必要となるアドバンテージ関数をActorに提供する役割を担っています。アドバンテージ関数は、近似的にはTD誤差で表されるので、Criticは価値関数$V_\omega(s)$をモデル化します。この価値関数を、方策関数とは別のニューラルネットワークにより実装します。このニューラルネットワークの入力層は、方策関数と同様に3次元の連続変数、出力層は価値関数であり値域の制限はないので、連続値を出力する単一ノードとして実装されます（図4.9）。ちなみに、価値関数と方策関数は、入力変数がともに状態変数sなので、両者のニューラルネットワーク表現において入力層と中間層を共通化するという選択肢もあります（図4.10）。

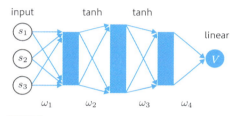

図4.9 価値関数を出力するニューラルネットワーク

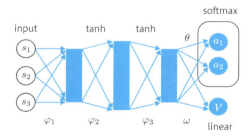

図4.10 方策関数と価値関数を出力するニューラルネットワーク

4.3.3 サンプルコードの解説

まず、サンプルコードの全体構成を説明します。srcディレクトリには、強化学習を実施する train.py および学習済み方策にしたがって振子制御を実施する predict.py が配置されています（図4.11）。エージェントの機能は、サブディレクトリ agent 配下に actor.py, critic.py として収められています。

両コードは、それぞれ確率的方策関数$\pi(a|s,\theta)$および価値関数$V_\omega(s)$のニューラルネットワーク表現および損失関数を定義しています。

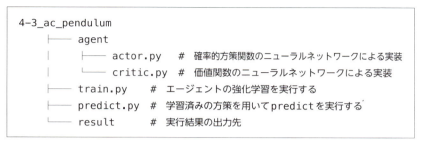

図4.11 サンプルコードの全体構成

● actor.py

`actor.py`（ リスト4.8 ）は、方策関数のニューラルネットワーク表現および損失関数を含めた計算グラフを定義します。関数`_build_network`は、Kerasを使って入力層と3層からなる中間層、およびsoftmax関数による出力層を全結合で接続したニューラルネットワークを定義します。各中間層は、活性化関数としてtanh関数を選択しているので、その出力値は−1から1の範囲に制約されます。層数が少ないのでバッチ正則化やdropoutなどは用いません。

関数`_compile_graph`は、`build_network`で定義されたニューラルネットワークに対して損失関数を定義すると同時に、TensorFlowによる計算グラフを定義します（ 図4.12 ）。この計算グラフは、入力値として、状態変数state、行動変数の1-hotベクトルact_onehotおよびアドバンテージ関数advantageをplaceholder[1]を介して受け取ります。次に、ニューラルネットワークから出力された方策確率act_probの対数と、1-hotベクトルact_onehotから交差エントロピーを計算します。これにadvantageを重み係数としてかけてバッチ平均した値として損失関数lossを計算します。この計算過程は 式2.39 または 式2.43 の損失関数の定義式と一致します。

※1　TensorFlowの計算グラフで入力値を受け取る変数のこと。

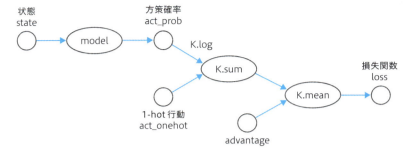

図4.12 Actorの計算グラフ

　関数predictは、方策確率act_probにしたがって行動変数をサンプリングしてactionとして出力します。関数updateは、_compile_graphで定義した計算グラフと損失関数に基づいて誤差逆伝播法によりニューラルネットワークのパラメータ更新を実行します。

リスト4.8 actor.py

```
# Actor クラスの定義
class Actor:
    (…中略…)
    # Actor のニューラルネットワーク表現を関数として定義
    def _build_network(self):
        num_dense_1 = self.num_states * 10
        num_dense_3 = self.num_actions * 10
        num_dense_2 = int(
            np.sqrt(num_dense_1 * num_dense_3))

        l_input = Input(shape=(self.num_states,),
                        name='input_state')
        l_dense_1 = Dense(num_dense_1,
                          activation='tanh',
                          name='hidden_1')(l_input)
        l_dense_2 = Dense(num_dense_2,
                          activation='tanh',
                          name='hidden_2')(l_dense_1)
        l_dense_3 = Dense(num_dense_3,
                          activation='tanh',
                          name='hidden_3')(l_dense_2)
        l_prob = Dense(self.num_actions,
```

```python
                            activation='softmax',
                            name='prob')(l_dense_3)

    model = Model(inputs=[l_input], outputs=[l_prob])
    model.summary()
    return model

# Actor の計算グラフをコンパイルする
def _compile_graph(self, model):
    self.state = tf.placeholder(
        tf.float32, shape=(None, self.num_states))
    self.act_onehot = tf.placeholder(
        tf.float32, shape=(None, self.num_actions))
    self.advantage = tf.placeholder(
        tf.float32, shape=(None, 1))

    self.act_prob = model(self.state)
    self.loss = -K.sum(
        K.log(self.act_prob) * self.act_onehot,
        axis=1) * self.advantage
    self.loss = K.mean(self.loss)

    optimizer = tf.train.RMSPropOptimizer(
        self.leaning_rate)
    self.minimize = optimizer.minimize(self.loss)

# Actor によるサンプリング関数を定義
def predict(self, sess, state):
    act_prob = np.array(
        sess.run([self.act_prob],
                 {self.state: [state]}))
    action = [
        np.random.choice(self.actions_list,
                         p=prob[0])
        for prob in act_prob
    ]
    return action[0]

# Actor の更新関数を定義
def update(self, sess, state, act_onehot, advantage):
```

```
        feed_dict = {
            self.state: state,
            self.act_onehot: act_onehot,
            self.advantage: advantage
        }
        _, loss = sess.run([self.minimize, self.loss],
                            feed_dict)
        return loss
```

● critic.py

　critic.py（ リスト4.9 ）は、価値関数のニューラルネットワーク表現および損失関数を含めた計算グラフを定義します。関数_build_networkは、actor.pyと同様なので詳細は割愛します。唯一の違いは、出力層が単一ノードで活性化関数が線形であるという点です。

　関数_compile_graphは、_build_networkで定義されたニューラルネットワークに対して損失関数を定義して、TensorFlowによる計算グラフを定義します（ 図4.13 ）。Criticの計算グラフは、入力値として状態変数stateとTD誤差の目標値targetをplaceholderを介して受け取ります。ニューラルネットワークから出力された価値関数state_valueと、目標値targetとの二乗誤差をtf.squared_differenceにより計算し、これをバッチ平均した値として損失関数lossを計算します。この計算過程は 式2.38 または 式2.42 の損失関数の定義式と一致します。

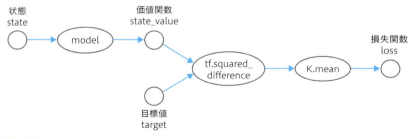

図4.13　Criticの計算グラフ

リスト4.9 critic.py

```python
# Critic クラスの定義
class Critic:
    (…中略…)
    # Critic のニューラルネットワーク表現を関数として定義
    def _build_network(self):
        num_dense_1 = self.num_states * 10
        num_dense_3 = 5
        num_dense_2 = int(
            np.sqrt(num_dense_1 * num_dense_3))

        l_input = Input(shape=(self.num_states,),
                        name='input_state')
        l_dense_1 = Dense(num_dense_1,
                          activation='tanh',
                          name='hidden_1')(l_input)
        l_dense_2 = Dense(num_dense_2,
                          activation='tanh',
                          name='hidden_2')(l_dense_1)
        l_dense_3 = Dense(num_dense_3,
                          activation='tanh',
                          name='hidden_3')(l_dense_2)

        l_vs = Dense(1, activation='linear',
                     name='Vs')(l_dense_3)

        model = Model(inputs=[l_input], outputs=[l_vs])
        model.summary()
        return model

    # Critic の計算グラフをコンパイルする
    def _compile_graph(self, model):
        self.state = tf.placeholder(
            tf.float32, shape=(None, self.num_states))
        self.target = tf.placeholder(tf.float32,
                                     shape=(None, 1))

        self.state_value = model(self.state)
        self.loss = tf.squared_difference(
            self.state_value, self.target)
```

```python
        self.loss = K.mean(self.loss)

        optimizer = tf.train.AdamOptimizer(
            self.learning_rate)
        self.minimize = optimizer.minimize(self.loss)

    # Critic による予測関数を定義
    def predict(self, sess, state):
        return sess.run(self.state_value,
                        {self.state: [state]})

    # Critic の更新関数を定義
    def update(self, sess, state, target):
        feed_dict = {
            self.state: state,
            self.target: target
        }
        _, loss = sess.run([self.minimize, self.loss],
                           feed_dict)
        return loss
```

● train.py

　`train.py`（ リスト4.10 ）は、エージェントの強化学習を実行します。このコードでは、強化学習を前方観測的なバッチ学習として実行します。関数 `_train` のfor文は、バッチ学習の繰り返しを記述しています。

　バッチ学習は、2つの部分から成り立ちます。前半部分は、while文で記述される箇所で、方策関数と環境モデルによる状態・行動・報酬系列のサンプリングを行います。サンプリング結果は、ステップごとに辞書型配列にまとめられて `Step` に保持されます。

　後半部分は、`Step` からステップ数を遡って、TD誤差を計算しています。フラグ変数 `multi_step_td` によりTD誤差の漸化式が切り替わり、2種類のTD誤差のいずれかを選択できます。`multi_step_td` がTrueなら、TD誤差は複数ステップTD誤差となり、Falseなら1-ステップTD誤差となります。

リスト4.10 train.py

```python
# バッチ TD 学習の実行関数
def _train(sess, env, actor, critic, train_config,
           actions_list):

    (…中略…)

    Step = collections.namedtuple(
        "Step", ["state", "act_onehot", "reward"])
    last_100_score = np.zeros(100)

    print('start_batches...')
    for i_batch in range(1, num_batches + 1):
        state = env.reset()
        batch = []
        score = 0
        steps = 0
        while True:
            steps += 1
            action = actor.predict(sess, state)
            act_onehot = to_categorical(
                actions_list.index(action),
                len(actions_list))
            state_new, reward, done, info = \
                env.step([action])

            # reward clipping
            if reward < -1:
                c_reward = -1
            else:
                c_reward = 1

            score += c_reward

            batch.append(
                Step(state=state,
                    act_onehot=act_onehot,
                    reward=c_reward))
            state = state_new
```

```
        if steps >= batch_size:
            break

value_last = critic.predict(sess, state)[0][0]

# 1バッチ分のサンプリング終了後に TD 誤差を計算
targets = []
states = []
act_onehots = []
advantages = []
target = value_last
for t, step in reversed(list(enumerate(batch))):
    current_value = critic.predict(
        sess, step.state)[0][0]

    # 1ステップ先の目標値、または複数ステップ先の目標値を計算
    if multi_step_td:
        target = step.reward + gamma * target
    else:
        target = step.reward + gamma * value_last
        value_last = current_value

    # アドバンテージ関数を1ステップ TD 誤差、
    # または複数ステップ TD 誤差として計算
    advantage = target - current_value
    targets.append([target])
    advantages.append([advantage])
    states.append(step.state)
    act_onehots.append(step.act_onehot)

# Actor と Critic それぞれの損失関数を計算
loss = actor.update(sess, states,
                    act_onehots,
                    advantages)
loss_v = critic.update(sess, states, targets)

(…中略…)
```

4.3.4 学習結果

バッチサイズ $T = 20, 50$ の2通りについて、1-ステップTD誤差と複数ステップTD誤差のそれぞれで学習および予測（制御）を行い比較しました。クリッピングした報酬のバッチ合計をスコアと定義します。スコアの変動が激しいので、バッチ回数の0.1倍をウィンドウサイズとする移動平均値をプロットしました（図4.14）。試行ごとに学習結果がばらつくことを考慮して、3回試行した結果を表示しています（$T = 20$）。1-ステップTD学習（左）と複数ステップTD学習（右）を比べると、複数ステップTD学習のほうが、スコアの立ち上がりが速いことがわかります。

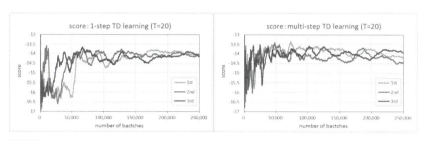

図4.14 バッチ学習のスコア推移（バッチサイズ20の場合）

表4.2は、バッチ回数5万回ごとに保存した学習結果について予測制御を行った結果です。左列が1-ステップTD学習、右列が複数ステップTD学習の結果です。上段は、学習結果ごとにバッチサイズ200で10回予測したときのスコア平均値を、下段は、10回予測したうち倒立制御に成功した回数をまとめたものです。倒立成功の判定は、動画を確認して行いました。スコア平均が10以上の場合、成功していることが確認できます。

表4.2 バッチ学習結果による予測制御（学習バッチサイズ20の場合）

batch	1st	2nd	3rd
50,000	-189.8	-170.4	-182.8
100,000	-191.6	-154.8	-178.8
150,000	-189.8	-87.2	-102.8
200,000	-10.2	-80.2	-188.6
250,000	-126.8	-170.4	-124.2

batch	1st	2nd	3rd
50,000	-166.2	-8	-164
100,000	148.4	92.4	-117.8
150,000	115.6	114.6	-77.8
200,000	104.8	-60.4	-32.2
250,000	119	119.4	100.6

batch	1st	2nd	3rd
50,000	0	0	0
100,000	0	1	0
150,000	0	3	3
200,000	0	5	1	0
250,000	0	0	2

batch	1st	2nd	3rd
50,000	0	6	1
100,000	10	9	1
150,000	10	10	3
200,000	10	1	4
250,000	10	10	9

バッチサイズ20の場合、1-ステップTD誤差ではバッチ学習の回数によらずほとんど成功してませんが、複数ステップTD誤差では、バッチ学習回数が10万回を超えると成功しはじめて、バッチ回数25万回では概ね成功しています。このことから、複数ステップTD誤差を採用することで、バッチ学習回数が少なくても制御を習得できることがわかります。

　同様の実験をバッチサイズ50で行いました。スコア推移は、バッチサイズ20と同様に複数ステップTD学習のほうが立ち上がりは速いですが、バッチサイズ20と比べて両者の違いは顕著ではありません（図4.15）。

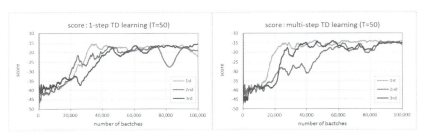

図4.15 バッチ学習のスコア推移（バッチサイズ50の場合）

　予測制御についても、同様に比較しました（表4.3）。バッチサイズを50にすると1-ステップTD誤差の場合でも予測制御に成功することがわかります。

　以上の結果から、前方観測的なバッチ学習では、複数ステップTD誤差を採用することで少ないバッチ学習回数でも制御を習得できることがわかりました。一方、1-ステップTD誤差による学習は、ある程度のバッチサイズを確保しないと制御の習得が難しいようです。

表4.3 バッチ学習結果による予測制御（学習バッチサイズ50の場合）

batch	1st	2nd	3rd
20,000	-126	-59.4	-175.6
40,000	99.4	101.6	75
60,000	86	-83.8	71.2
80,000	101.8	-46.4	95.4
100,000	-56.8	51.2	123.6

batch	1st	2nd	3rd
20,000	105.8	-56.6	-155.4
40,000	109.2	-31.8	2.6
60,000	144.4	132.8	105.6
80,000	131.2	78.4	140
100,000	-32	108.8	107.6

batch	1st	2nd	3rd
20,000	0	1	0
40,000	10	10	9
60,000	9	0	9
80,000	10	2	10
100,000	3	7	10

batch	1st	2nd	3rd
20,000	9	2	0
40,000	10	2	6
60,000	10	10	10
80,000	10	8	10
100,000	5	10	10

それでは、バッチサイズが1のバッチ学習、すなわちオンライン学習、は難しいのでしょうか？ **2.3 節**で解説したように、適格度トレースを導入して後方観測的な TD(λ) 学習を行うなら可能となります。後方観測的な学習では、学習が進むにつれて観測値が増えていき、それらを適格度トレースを使って複数ステップ TD 誤差を足し上げることができるからです。ただし、実装するとなると過去に現れたすべての状態について価値関数を更新する必要があります。本書では、適格度トレースを使った実装については割愛します。

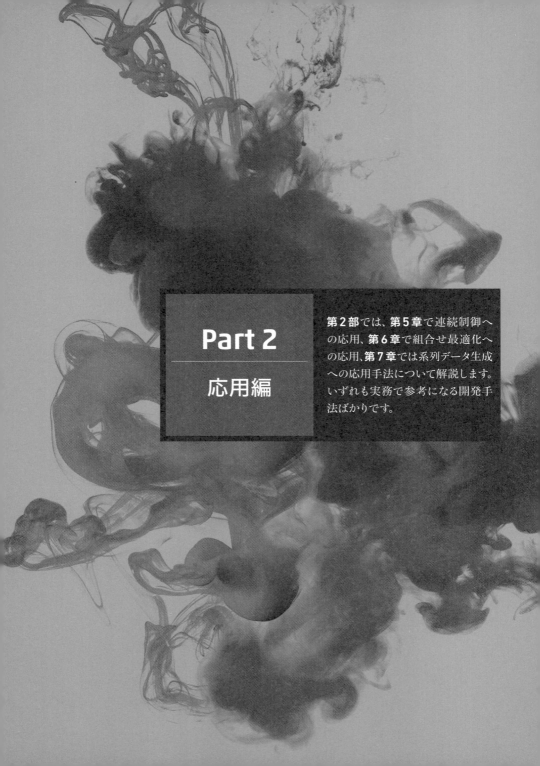

Part 2
応用編

第2部では、**第5章**で連続制御への応用、**第6章**で組合せ最適化への応用、**第7章**では系列データ生成への応用手法について解説します。いずれも実務で参考になる開発手法ばかりです。

CHAPTER 5	連続制御問題への応用
CHAPTER 6	組合せ最適化への応用
CHAPTER 7	系列データ生成への応用

CHAPTER 5

連続制御問題への応用

強化学習において、連続的な行動を対象とする問題は連続制御問題（Continuous control）と呼ばれています。本章では、連続制御問題に対する強化学習の適用について紹介します。

5.1節では、連続制御とはどのようなタスクなのか説明した後、連続制御の学習には方策勾配法を用いることが一般的である理由について解説します。**5.2節**では、方策勾配法の具体的なアルゴリズムおよびモデルとして、REINFORCEアルゴリズムとガウスモデルによる確率的方策について解説します。

連続制御の問題例として、オープンソースであるpybullet-gymに様々な環境が実装されています。**5.3節**では、pybullet-gymに実装されている環境のうち、humanoidが歩いた歩数を報酬とするWalker2Dを取り上げます。**5.4節**では、Walker2D環境でガウスモデルによる学習アルゴリズムの実装例を解説します。**5.5節**では、前節で実装したコードによる学習結果と予測制御について紹介します。さらに、強化学習がモデルフリーな学習法であることから、本章で実装したコードがWalker2D以外の環境にも適用できることを確認します。

Part 1_基礎編　　Part 2_応用編

5.1 方策勾配法による連続制御

ここでは、強化学習の問題として連続制御を取り上げ、その学習法として方策勾配法が有効であることを説明します。

5.1.1 連続制御（Continuous control）

　第1部では強化学習の問題例として「会社員のMDP」と倒立振子制御の2つの問題を取り上げました。「会社員のMDP」は「どこに行くか」、倒立振子制御は「左右どちらに押すか」といったように「複数ある行動の選択肢からどの行動を選択するか」を決める問題でした。つまり、2つの問題はともに離散的な行動空間を仮定しています（離散行動選択）。

　一方、連続的な行動空間を対象とする強化学習の問題も多くあります。例えば、強化学習によりロボットアームを制御する問題が挙げられます。この問題では「関節をどれくらい動かすか」といったように連続的な行動について決定を下す必要があります。このように、ロボットアームの動作など連続変数で表される行動を最適化する問題は連続制御（Continuous control）と呼ばれています。一般に、連続制御では、離散行動選択に比べて考慮すべき行動空間の選択肢が爆発的に増えてしまうため、学習が困難になることが知られています（図5.1）。

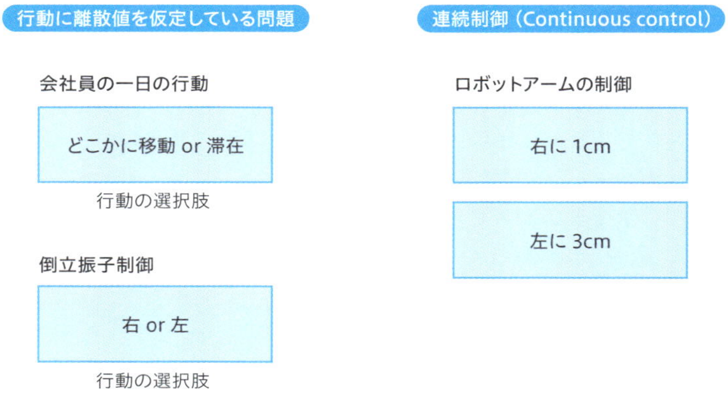

行動に離散値を仮定している問題

連続制御（Continuous control）

会社員の一日の行動

どこかに移動 or 滞在
行動の選択肢

倒立振子制御

右 or 左
行動の選択肢

ロボットアームの制御

右に1cm

左に3cm

図5.1 離散行動選択 / 連続制御の例

154

5.1.2　方策勾配法による学習

　強化学習を用いて連続制御を学習する際には**方策勾配法を用いることが一般的**となっています。その理由として以下の2点が挙げられます。

（1）Q学習の適用が難しい
（2）方策関数を直接的に学習できる

この2点について以下で詳しく説明します。

● Q学習の適用が難しい

　Q学習においては、**2.4.2項**の 式2.30 、 式2.31 で示されたTD誤差を最小化するように行動価値関数$Q(s, a)$の更新を行います。

$$\delta_{t+1} = R_{t+1} + \gamma \max_a Q_t(S_{t+1}, a) - Q_t(S_t, A_t) \qquad \text{式2.30}$$

$$Q_{t+1}(s, a) = Q_t(s, a) + \alpha \, \delta_{t+1} \mathbf{1}(S_t = s, A_t = a) \qquad \text{式2.31}$$

　式2.30 の右辺第2項、すなわち$Q_t(S_{t+1}, a)$の最大値を求める項に着目します。離散行動選択の場合、選択肢となる全行動について$Q_t(S_{t+1}, a)$を求めることで、その最大値を簡単に見つけることができます。

　一方、連続的な行動空間を仮定している場合、$Q_t(S_{t+1}, a)$の最大値を求めるには、$Q_t(S_{t+1}, a)$を行動aを変数とする関数と見なして、行動aに関する微分係数（勾配）が0の点を探す必要があります。このような最大値の探索は行動価値関数の関数形がわからない限り実行できません。

　このように、**連続制御では行動価値関数の最大値を求めることが困難**です。また、行動変数の幅に最小値を設定して連続行動空間を離散化する対処法も考えられますが、これも行動空間が高次元である場合には現実的ではありません。このように、連続制御ではQ学習を適用することが難しいことが知られています。

● 方策関数を直接的に学習できる

　方策関数は、条件付き確率$\pi(a|s)$として定義されます。これは、状態変数sを入力として行動変数aの選択確率を出力する関数として機能します。したがって、Q学習のように状態・行動変数(s, a)のすべての組合せについてQ関数を計算しなくても、状態変数sさえ決まれば、行動変数aの選択確率を計算できます。行動変数が連続の場合、行動空間を離散化しても選択肢の数は膨大になり、Q関

数を計算することは事実上は不可能です。その点、方策関数は入力された状態変数sに応じて確率値を出力すればよいので、行動空間を離散化する必要もありません。こうした理由から、連続制御では方策関数を直接的に学習できる手法として方策勾配法を適用します。

2.4.3項で述べたように方策勾配法では、目的関数である期待収益$J(\theta)$を最大化する問題を考えます。この問題は方策勾配定理より、以下の **式2.33**、**式2.35** のように方策関数のパラメータθを更新する問題に帰着します。

$$\theta_{t+1} = \theta_t + \alpha \, \nabla_\theta J(\theta_t) \qquad \text{式2.33}$$

$$\nabla_\theta J(\theta) = \mathbb{E}_\pi \left[\left(\nabla_\theta \log \pi(a|s,\theta) \right) q_\pi(s,a) \right] \qquad \text{式2.35}$$

式2.35 を計算するためには、大きく2つの問題があります。1つ目の問題は「期待値の計算が困難」であること、2つ目の問題は「行動価値関数$q_\pi(s,a)$の推定が必要」であることです。

まず1つ目の問題の解決法としては、モンテカルロ近似を採用します。具体的には、確率的方策πに基づきTステップ分の行動を行い、得られた状態・行動・報酬の観測データから勾配の近似を行います。

$$\nabla_\theta J(\theta) \approx \frac{1}{T} \sum_{t=0}^{T-1} \left(\nabla_\theta \log \pi(A_t|S_t,\theta) \right) q_\pi(S_t, A_t) \qquad \text{式5.1}$$

2つ目の問題の解決法としてはREINFORCEアルゴリズムを採用します。詳細は後述しますが、**式5.1** において右辺に現れる行動価値関数を観測データから計算される割引報酬和で近似する方法です。

続いて、方策勾配法に基づいて学習を進めるうえで、方策勾配の **式5.1** が満たすべき条件について考えてみましょう。1つ目の条件は、行動価値関数$q_\pi(s,a)$が何らかの近似により計算されていることです。2つ目の条件は、**式5.1** の方策勾配が、ある連続関数の微分として定義されていることです。この条件を満たすためには、$\log \pi(A_t|S_t,\theta)$が微分可能であることが必要です。

以上をまとめると、以下の2つの条件が満たされていれば、方策勾配法を用いて連続制御の学習が可能となります。

条件1：行動価値関数$q_\pi(S_t, A_t)$が何らかの方法で近似計算できる

条件2：$\log \pi(A_t|S_t,\theta)$が微分可能となるよう確率的方策πが近似できる

この２つの条件に対して、以下の近似法が考えられます。

近似法１：$q_\pi(S_t, A_t)$を割引報酬和G_tで近似する（REINFORCEアルゴリズム）

近似法２：確率的方策πとしてガウスモデルによる確率的方策（ガウス方策）を用いる

さらに、REINFORCEアルゴリズムの学習を安定させる工夫として、**2.4.3項**でも紹介したベースラインの導入が知られています[※1]。これら、REINFORCEアルゴリズム、ガウスモデルによる確率的方策、ベースラインの導入、について次節で詳細に説明します。

※1　ベースラインを用いることは、REINFORCEアルゴリズム以外にも様々なアルゴリズムに対して有効であることが知られています。

Part 1_基礎編　　Part 2_応用編

5.2 学習アルゴリズムと方策モデル

ここでは、方策勾配法による学習アルゴリズムの1つであるREINFORCEアルゴリズムについて解説します。次いで、連続な行動変数を持つ確率的方策のモデルとしてガウスモデルを導入します。

5.2.1 アルゴリズムの全体像

はじめに、ここで紹介する学習アルゴリズムの全体像を以下の 図5.2 に示します。本章では、連続制御の対象として 5.3節 で紹介するWalker2Dを採用します。Walker2Dは、ヒューマノイドにどのように体を動かせば歩けるかを学習させるシミュレータです。 図5.2 はWalker2Dを用いた連続制御アルゴリズムの一例です。

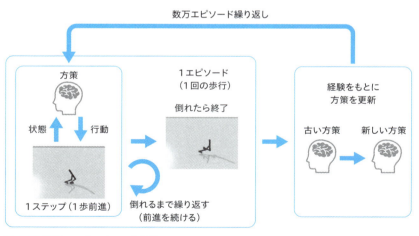

図5.2　学習アルゴリズムの全体像

● ステップ・エピソードの定義

図5.2 で表される学習アルゴリズムは「ステップ」と「エピソード」という2つのブロックで成り立っています。ある状態 S_t において、確率的方策にしたがって次に行う行動 A_t を取得し、実際に行動 A_t を行い次の状態 S_{t+1} と報酬 R_{t+1} を

得る過程を**1ステップ（step）**と定義します。

この過程をhumanoidが倒れる、または最大ステップ数に到達するまで繰り返すことを**1エピソード（episode）**と定義します。このように、1エピソードは複数ステップで構成されています。

● 方策を更新するタイミング

後に紹介するREINFORCEアルゴリズムでは、エピソードが終了するごとに方策の更新を行います。言い換えれば、あるエピソードで得られた状態・行動・報酬をもとに行動選択の仕方に修正をかけることになります。

このようにエピソード終了後に方策の更新を行う学習アルゴリズムは、**エピソディックなアルゴリズム**と呼ばれています。

5.2.2 REINFORCEアルゴリズム

5.1節では行動価値関数$q_\pi(S_t, A_t)$が何らかの方法で近似計算できることを仮定しました。この近似方法の1つが**REINFORCEアルゴリズム**です。具体的には、以下の **式5.2** で表されるように、行動価値関数$q_\pi(S_t, A_t)$を**割引報酬和G_tで近似**します。

$$G_t = \sum_{k=1}^{T-t} \gamma^{k-1} R_{t+k}$$

$$\nabla_\theta J(\theta) \approx \frac{1}{T} \sum_{t=0}^{T-1} \nabla_\theta \log \pi_\theta(A_t|S_t)\, G_t$$

式5.2

REINFORCEアルゴリズムでは、あるtステップ目における行動価値関数$q_\pi(S_t, A_t)$を将来的に得られる報酬R_{t+n}の割引率を考慮した総和である割引報酬和G_tに置きかえています。

行動価値関数$q_\pi(S_t, A_t)$を割引報酬和G_tで近似する方法は直感的に正しそうなことは納得がいくと思います。しかし、行動価値関数をより正確に推定する他手法に比べて、REINFORCEアルゴリズムが行動価値関数の簡易的な近似法であることは否めません。その分、REINFORCEアルゴリズムは**実装が容易な手法**であることは確かです。本章では、実装が容易である点からREINFORCEアルゴリズムを取り上げ、**5.4節**と**5.5節**で実装例と学習結果について紹介します。

5.2.3 ベースラインの導入

ここでは**2.4.3項**の「アドバンテージ関数」でも紹介したベースラインのもたらす効果について説明します。REINFORCEアルゴリズムでは、ベースラインを導入することにより、精度の高い結果が得られることが知られています。**5.5節**で紹介する実装でもベースラインを導入しています。ベースラインとは、行動価値関数$q_\pi(s,a)$の基準を与える関数$b(s)$のことを指します。

$$\nabla_\theta J(\theta) = \mathbb{E}_\pi \left[\left(\nabla_\theta \log \pi(a|s,\theta) \right) \left(q_\pi(s,a) - b(s) \right) \right] \qquad \text{式 5.3}$$

2.4.3項で示したように、任意の関数$b(s)$は 式5.3 で表される期待値に影響を与えませんが、期待値の分散を小さくする効果があります。

理論的にも経験的にも、ベースラインとして価値関数$v_\pi(s)$を用いると有効であることが知られています。価値関数$v_\pi(s)$をベースラインとして用いる理由は、ベルマン方程式 式2.9 からわかる通り、ある状態sにおける価値$v_\pi(s)$は、その状態のもとである行動aを選択したときの行動価値$q_\pi(s,a)$を方策確率$\pi(a|s)$を重みとして加重平均した値として定義されているからです。つまり、行動価値関数と価値関数の差分$q_\pi(s,a) - v_\pi(s)$は、状態sのもとで行動aを選択することが、平均的な行動選択と比べてどれだけ有利か（アドバンテージ）を表しています。

そこでアドバンテージ関数$A^\pi(s,a)$を次式で定義します。

$$A^\pi(s,a) = q_\pi(s,a) - v_\pi(s)$$

式5.3 にアドバンテージ関数を代入して、期待値をモンテカルと近似で計算すると以下の 式5.4 が得られます。

$$\nabla_\theta J(\theta) = \mathbb{E}_\pi \left[\left(\nabla_\theta \log \pi(a|s,\theta) \right) A^\pi(s,a) \right]$$
$$\approx \frac{1}{T} \sum_{t=0}^{T-1} \nabla_\theta \log \pi(A_t|S_t,\theta) \, A^\pi(S_t, A_t) \qquad \text{式 5.4}$$

さらにREINFORCEアルゴリズムを適用して、アドバンテージ関数に含まれる行動価値関数$q_\pi(S_t, A_t)$を割引報酬和G_tで近似すると、以下の 式5.5 のように勾配が計算されます。

$$\nabla_\theta J(\theta) \approx \frac{1}{T} \sum_{t=0}^{T-1} \nabla_\theta \log \pi(A_t|S_t, \theta) \, A^\pi(S_t, A_t)$$ 式5.5

$$A^\pi(S_t, A_t) = G_t - v_\pi(S_t)$$

実装の際には、ベースラインである価値関数$v_\pi(s)$もニューラルネットなどの関数近似器の出力$V(s)$により近似します。

価値関数の近似値$V(s)$の更新は、その目標値が割引報酬和G_tであるべきとの方針で行います。具体的には、以下の 式5.6 の最小二乗誤差を損失関数として、これを最小化するよう価値関数$V(s)$のパラメータを更新します。

$$\sum_{t=0}^{T-1} \big(V(S_t) - G_t\big)^2$$ 式5.6

📦 5.2.4　ガウスモデルによる確率的方策

本章では、行動aがK次元ベクトルであることを数式上正確に書く必要があるため、行動aのk次元目$(1 \leq k \leq K)$の要素をa_kで表記します。以降、行動aにkの添え字が付く際には、行動aのベクトル表現のk次元成分を意味することに注意してください。したがって、時刻tの行動変数A_tも同様にK次元ベクトルであり、そのk次元目の要素はA_{tk}と表されます。

連続制御における確率的方策πの代表例としてガウスモデルによる確率的方策（ガウス方策）が知られています[※2]。ガウスモデルとは、以下の 式5.7 で表されるように、状態sのもとで平均$\mu(s)$、共分散行列$\Sigma(s)$をパラメータとして持つK次元正規分布にしたがってK次元の行動ベクトルaをサンプリングする確率モデルです。

$$\pi(a|s, \theta) \propto \frac{1}{\sqrt{\det \Sigma(s)}} \exp\left(-\frac{1}{2}(a - \mu(s))^{\mathrm{T}} \Sigma(s)^{-1} (a - \mu(s))\right)$$ 式5.7

上式において、一般に共分散行列$\Sigma(s)$は対角行列ではなく、その非対角成分を介して行動ベクトルaの異なる2成分が互いに影響を及ぼし合います。その場合、方策関数のニューラルネットによる実装が複雑になってしまいます。本章では簡

※2　本章で扱う問題設定では、ガウスモデルを仮定した確率的方策を用いましたが、他にも **2.4.3項**「方策のパラメータ表現」で紹介した 式2.32 で表されるギブス方策などの確率的方策が知られています。

単のため行動ベクトルの異なる次元が互いに独立であると仮定し、$\Sigma(s)$を対角行列として扱います。

そこで$\Sigma(s)$のk番目の対角成分をk次元目の要素とするベクトル$\sigma^2(s)$を定義すると、K次元正規分布は以下の **式5.8** のようにK個の独立な1次元正規分布の積に分解できます。

$$\pi(a|s,\theta) = \prod_{k=1}^{K} \pi(a_k|s,\theta)$$

$$\propto \prod_{k=1}^{K} \frac{1}{\sqrt{\sigma_k^2(s)}} \exp\left(-\frac{(a_k - \mu_k(s))^2}{2\sigma_k^2(s)}\right)$$

式5.8

ここで、1次元正規分布のパラメータ$\mu_k(s)$と$\sigma_k^2(s)$はともに状態sを入力とする関数であり、ガウス方策 **式5.7** のパラメータθにより特徴付けられます。

5.2.3項で述べた通り方策勾配法では、REINFORCEアルゴリズムとベースラインを導入した近似式 **式5.5** を用いてパラメータ更新を行います。ガウス方策を採用することで **式5.5** の計算に現れる$\log \pi(A_t|S_t,\theta)$は、以下の **式5.9** のように式展開を行うことで計算できます。

$$\log \pi(A_t|S_t,\theta) = \log \prod_{k=1}^{K} \pi(A_{tk}|S_t,\theta)$$

$$= \sum_{k=1}^{K} \log \pi(A_{tk}|S_t,\theta)$$

式5.9

$$\propto \sum_{k=1}^{K} \left(-\log \sigma_k^2(S_t) + \frac{(A_{tk} - \mu_k(S_t))^2}{\sigma_k^2(S_t)}\right)$$

COLUMN 5.1

決定論的方策による手法

近年では、行動を確率的にサンプリングせずに、最適行動を決定論的に選択する手法としてDeterministic Policy Gradient[※3]という手法が提案され、これをもとに様々な方策ベースの手法が提案されています。

※3　URL https://deepmind.com/research/publications/deterministic-policy-gradient-algorithms/

5.3 連続動作シミュレータ

ここでは、実装で用いるオープンソースであるpybullet-gymとその中に実装されているWalker2D環境について紹介します。

5.3.1 pybullet-gym

強化学習における物体制御では、MuJoCo[4]という物理シミュレータが使われることが多いです。しかし、MuJoCoは商用ライセンスのソフトウェアであるため、使用のためには購入が必要となります。一方、無料で使える物理シミュレータとしてpybullet[5]が知られています。さらにMuJoCoを、pybulletを用いて再現したオープンソースソフトウェアとしてpybullet-gym[6]（図5.3）が知られています。

pybullet-gymは、無料で使用できることに加え、**第4章**で取り上げたOpenAI Gymと同様のインターフェースで実装されており、強化学習アルゴリズムの実装を行う上では、非常に取り扱いやすくなっています。今回は連続動作制御の実装例として、手軽に扱えるpybullet-gymを取り上げます。

● pybullet-gymのインストール

以下では、簡単にpybullet-gymのインストールについて説明します[7]。まず、pybulletをインストールします。ちなみに、付属のColaboratory環境およびDocker環境においては、pybullet-gymは既にインストールされており、以下のインストール作業は不要です。

[コードセル]

```
!pip install pybullet
```

※4 http://www.mujoco.org/
※5 https://pybullet.org/wordpress/
※6 https://github.com/benelot/pybullet-gym
※7 本書付属のスクリプトを用いると、pybulletとpybullet-gymが自動でインストールされます。

次にpybullet-gymをgithub（図5.3）のREADME.mdに書かれている手順をもとにインストールします。この作業も、付属のColaboratory環境およびDocker環境においてはインストール済みなので不要です。

[コードセル]
```
!git clone https://github.com/benelot/pybullet-gym
%cd pybullet-gym
!pip install -e .
```

以下のような表示が出力されてインストールが完了します。

[コードセル]
```
Obtaining file:///tf/pybullet-gym
Requirement already satisfied: pybullet>=1.7.8 in /usr➡
/local/lib/python3.5/dist-packages (from pybulletgym==➡
0.1) (2.5.0)
Installing collected packages: pybulletgym
  Found existing installation: pybulletgym 0.1
    Can't uninstall 'pybulletgym'. No files were found ➡
to uninstall.
  Running setup.py develop for pybulletgym
Successfully installed pybulletgym
```

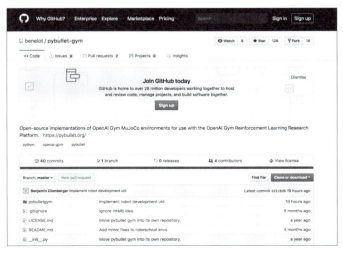

図5.3 pybullet-gymのgithub

5.3.2 Walker2D

　pybullet-gymには強化学習の実装を見据えて、OpenAI Gymと同様のインターフェースで状態（state）・行動（action）・報酬（reward）が設定された様々な環境（env）が実装されています（COLUMN 5.2 を参照）。

　その中でも仮想の人間であるhumanoidを歩かせることを目的としたWalker2DPyBulletEnv-v0（図5.4）という環境を取り上げます。この環境のhumanoidは、2本の足を持っており、それぞれの足には3つの関節があります。したがって、このhumanoidの運動を制御するには、合計6個の関節にトルクを加えて足の曲げ伸ばしを操作することになります。この環境に実装されている、状態・行動・報酬・終了条件[※8]の設定を 表5.1 に示します[※9]。

表5.1 Walker2DPyBulletEnv-v0 の「状態・行動・報酬・終了条件」の設定

	概要
状態	体の位置・速度・姿勢：8次元 関節の角度・角速度：2×3×2＝12次元 足の接地状態：2次元 合計：22次元
行動	関節に及ぼすトルク：2×3＝6次元 （それぞれが連続値）
報酬	「立ち続ける・歩く・最低限の動き」の3つの要素で構成
終了条件	humanoidが倒れたら終了

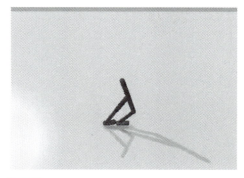

図5.4 Walker2DPyBulletEnv-v0のhumanoid

※8　終了条件が成立すると1episodeが終了します。
※9　複雑な物理演算により状態・行動・報酬が計算されているため、本書では要点のみの記述を行い詳細の記述は避けさせていただきます。詳細はpybullet-gym/pybulletgym/envs/roboschool/robots/locomotors/walker_base.pyなどに記されています。

● Walker2Dを動かす

　pybullet-gymは**4.1.2項**で取り上げたOpenAI Gymと同様のインターフェースで実装されており、`env.step（action）`などのAPIが使えます。例えば、Walker2DPyBulletEnv-v0の環境下では、 **リスト5.1** の12行の実装で、humanoidにランダムな行動をさせることができます。

リスト5.1 humanoidにランダムな行動をさせるPythonコード（walk_randomly.py）

[コードセル]

```python
import gym
import pybulletgym.envs

env = gym.make('Walker2DPyBulletEnv-v0')
for _ in range(1):
        state = env.reset()
        while True:
            action = env.action_space.sample()
            state_new, r, done, info = env.step(action)
            print("reward: ", r)
            if done:
                print('episode done')
                break
```

　上記のコマンドを実行すると、以下の出力（ **リスト5.2** ）が得られます。この場合、報酬（reward）が10回出力されてエピソードが終了しています。これは、humanoidがランダムな行動選択により10歩だけ歩くことに成功したことを意味しています。

リスト5.2 walk_randomly.pyの実行結果

[実行結果]

```
WalkerBase::__init__
options=
reward:  0.4752012681885389
reward:  0.516315727334586
reward:  0.7389419901999645
reward:  1.4547716122528072
```

```
reward:   1.1988118784182007
reward:   1.6462447754427556
reward:   2.7859355212814987
reward:   2.6084579864531405
reward:   2.3177863324541246
reward:  -0.3190878397595952
episode done
```

ちなみに、humanoidが歩く様子を可視化したい場合は、Colaboratory環境あるいはDocker環境において、walk_randomly_movie.pyを以下のように実行してください。フォルダtestが作成され、その中にmp4形式の動画ファイルが出力されます。

［コードセル］

```
!xvfb-run -s "-screen 0 1280x720x24" python3 walk_➡
randomly_movie.py
```

次節では5.2節で紹介した学習アルゴリズムを用いて、試行錯誤と方策の更新を数万エピソード繰り返してhumanoid歩行を学習させる実装例を紹介します。

COLUMN 5.2

pybullet-gym に実装されている Walker2D 以外の環境

pybullet-gymにはWalker2D以外にも、**図5.5**に示すHopperやAntなど複数の環境が実装されています。Hopperは、Walker2Dを一本足にしたものです。Antは、4本の足を持っており、それぞれの足には2つの関節があります。行動空間の次元は、関節の総数に等しいので、Hopperは3次元、Antは8次元となります。HopperとAntのそれぞれについて、状態・行動・報酬・終了条件を**表5.2**にまとめました。PyBulletEnv-v0pybullet-gym/pybulletgym/example以下に実装例が記載されておりますので、試してみるとよいでしょう。

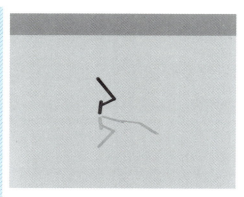

図 5.5 pybullet-gym における他環境の例（上図：Hopper、下図：Ant）

表 5.2 Hopper と Ant の「状態・行動・報酬・終了条件」の設定

	HopperPyBulletEnv-v0 (Hopper)	AntPyBulletEnv-v0 (Ant)
状態	体の位置・速度・姿勢：8次元 関節の角度・角速度： 1×3×2 = 6次元 足の接地状態：1次元 合計：15次元	体の位置・速度・姿勢：8次元 関節の角度・角速度： 4×2×2 = 16次元 足の接地状態：4次元 合計：28次元
行動	関節に及ぼすトルク： 1×3 = 3次元 （それぞれが連続値）	関節に及ぼすトルク： 4×2 = 8次元 （それぞれが連続値）
報酬	「立ち続ける・前に進む・最低限の動き」の3つの要素で構成	「立ち続ける・前に進む・最低限の動き」の3つの要素で構成
終了条件	Hopper が倒れたら終了	Ant が倒れたら終了

Part 1_基礎編　　　Part 2_応用編

5.4

5.4 アルゴリズムの実装

ここでは、5.2節で説明した連続制御の学習アルゴリズムの実装について解説します。特にガウスモデルのニューラルネットワークによる実装例をサンプルコードに沿って解説します。

🔷 5.4.1　実装の全体構成

まず、実装の全体構成を説明します。srcディレクトリには、強化学習を実施するtrain.pyおよび学習済み方策にしたがって連続制御を実施するpredict.pyが配置されています。エージェントの機能は、サブディレクトリagent配下にpolicy_estimator.py, value_estimator.pyとして収められています。両コードは、それぞれガウスモデルによる確率的方策および価値関数のニューラルネットワーク表現および損失関数を定義しています。

```
5_walker2d
    ├── src
    │    ├── agent
    │    │    ├── policy_estimator.py  #  ガウスモデルによる確率的方策の実装
    │    │    └── value_estimator.py   #  価値関数の実装
    │    ├── train.py     #  メインのルーチンを回す
    │    ├── predict.py   #  学習済みの方策を用いて予測（連続制御）を行わせる
    │    ├── walk_randomly.py         #  ランダムな2足歩行を実行する
    │    └── walk_randomly_movie.py   #  ランダムな2足歩行を実行して➡
    │                                    動画に出力する
    └── result           #  実行結果の出力先
```

図5.6 実装の全体構成

学習アルゴリズムの全体像に、**図5.6**の実装の全体構成を対応付けたイメージを**図5.7**に示します。この図における青色の太矢印は、ステップの繰り返しによるエピソードの実施と、エピソードごとに方策関数と価値関数を更新する強化学習のメインルーチンを表しています。train.pyは、このメインルーチンを実装したものです。エージェントの機能は、アドバンテージ関数による方策評価と方策勾配法による方策改善を担う部分と、アドバンテージ関数を推定する部分とに分

かれます。前者を実装したのがpolicy_estimator.pyであり、後者を実装したのがvalue_estimator.pyです。学習済みの方策を活用してhumanoidの予測制御を実施する機能は、predict.pyとして実装しています。

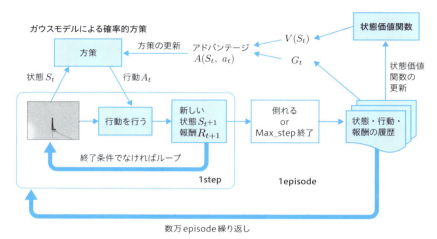

図5.7 実装する学習アルゴリズム全容

次項からそれぞれ実装に必要な各Pythonのファイルの説明をします。今回の実装は、Denny Britz氏による以下のコードをベースにしています。

● **Policy Gradient Methods**
URL https://github.com/dennybritz/reinforcement-learning/tree/master/PolicyGradient

このコードは、行動が離散的な場合にしか対応していないので、行動が連続的な場合に適用できるよう方策関数をガウス方策として実装しました。

5.4.2　train.py

train.py（リスト5.3）にはhumanoidを行動させて得られた報酬をもとに方策を更新するエピソードを、指定された回数だけ繰り返す処理が実装されています。

リスト5.3 train.py

```
# 数万episodeの繰り返し
for i_episode in range(1, num_episodes + 1):
    state = env.reset()
    episode = []
    score = 0
```

```
steps = 0
while True:
    # 確率的方策をもとに次に行うactionを取得
    steps += 1
    action = policy_estimator.predict(
        sess, state)
    state_new, r, done, _ = env.step(action)
    score += r

    episode.append(
        Step(state=state,
             action=action,
             reward=r))
    state = state_new  # ここまでが1step

    # 倒れる or Max stepで1episode終了
    if steps > max_episode_steps or done:
        break

# 1episode終了後
targets = []
states = []
actions = []
advantages = []

for t, step in enumerate(episode):
    # 割引報酬和 G_tの計算
    target = sum(
        gamma**i * t2.reward
        for i, t2 in enumerate(episode[t:]))
    # baseline = V(S_t), advantage = G_t - V(S_t)
    baseline_value = value_estimator.predict(
        sess, step.state)[0][0]
    advantage = target - baseline_value
    targets.append([target])
    advantages.append([advantage])
    states.append(step.state)
    actions.append(step.action)

# policy_estimatorとvalue_estimatorの更新
```

```
loss = policy_estimator.update(sess,
                               states,
                               actions,
                               advantages)
_ = value_estimator.update(sess, states, targets)
```

前述の「1ステップ」と「1エピソード」の処理内容は以下の通りです。

● 1ステップ

あるtステップ目の状態S_tに対して、**policy_estimator.predict (sess, state)** で確率的方策πを元に行動A_tを取得し、**env.step (action)** で行動を行い、報酬R_{t+1}と次の状態S_{t+1}を得る過程のこと。

● 1エピソード

上記 **1ステップ** を最大ステップ数（**max_episode_steps**）試行するか、終了条件まで試行を行うこと。

1エピソード終了後に、そのエピソードで得られた各ステップの状態・行動・報酬の履歴をもとに割引報酬和やアドバンテージ関数を計算し、ガウス方策πと価値関数Vの更新を行います。また、train.pyの **result_dir** で定められたディレクトリに **model_save_interval** で指定されたエピソード数ごとに、policy_estimator.py が保持するネットワークの重みを書き出します[※10]。

5.4.3　policy_estimator.py

policy_estimator.py にはガウスモデルを仮定した確率的方策に関する実装がなされています。以降では、policy_estimator.py に実装されている各メソッドについて説明します。

● ネットワークのアーキテクチャ構築（build_networkメソッド）

状態sを入力としたときのガウス方策のパラメータ$\mu(s)$と$\sigma^2(s)$を出力する関数を実装します（**リスト5.4**）。ここでは、より表現力のある関数の代表例であるニューラルネットワークを用いて$\mu(s)$, $\sigma^2(s)$を表します。具体的には、**図5.8**

※10　詳細は付属の実装コードをご参照ください。

で示されように、状態sを入力すると平均$\mu(s)$, 分散$\sigma^2(s)$を出力するニューラルネットワークを構築します[11]。

5.2.4項で説明した通り、ガウスモデルによる確率的方策$\pi(a|s,\theta)$をニューラルネットで表現した場合、パラメータθはニューラルネットワークの重み係数と解釈することができます。層の数やニューロン数といったアーキテクチャについてはProximal Policy Optimization with Generalized Advantage Estimation (https://github.com/pat-coady/trpo) の実装を参考にしています[12]。

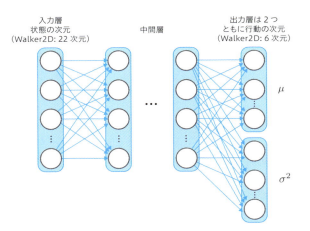

図5.8 policy_estimator.pyにおけるガウス方策のニューラルネットワーク

リスト5.4 build_networkメソッド（policy_estimator.py）

```python
def build_network(self):
    nb_dense_1 = self.dim_state * 10
    nb_dense_3 = self.dim_action * 10
    nb_dense_2 = int(np.sqrt(nb_dense_1 *
                             nb_dense_3))

    l_input = Input(shape=(self.dim_state,),
                    name='input_state')
    l_dense_1 = Dense(nb_dense_1,
```

※11　正確には、分散varではなく、その対数log_varを出力しています。
※12　ニューロン数を減らすなどアーキテクチャを変更して実験を行ったところ、うまく学習が進みませんでした。

```
                        activation='tanh',
                        name='hidden_1')(l_input)
    l_dense_2 = Dense(nb_dense_2,
                        activation='tanh',
                        name='hidden_2')(l_dense_1)
    l_dense_3 = Dense(nb_dense_3,
                        activation='tanh',
                        name='hidden_3')(l_dense_2)
    l_mu = Dense(self.dim_action,
                    activation='tanh',
                    name='mu')(l_dense_3)
    l_log_var = Dense(self.dim_action,
                        activation='tanh',
                        name='log_var')(l_dense_3)

    self.model = Model(inputs=[l_input],
                            outputs=[l_mu, l_log_var])
    self.model.summary()
```

● ネットワークのlossとoptimizerの設定（compileメソッド）

compileメソッドでは、build_networkメソッドで作成したネットワークの更新に必要となる損失関数lossと最適化ソルバーoptimizerを実装します。

ベースラインを用いたREINFORCEアルゴリズムでは、$J(\theta)$の勾配は、式5.5 で示した、

$$\nabla_\theta J(\theta) \approx \frac{1}{T} \sum_{t=0}^{T-1} \nabla_\theta \log \pi(A_t|S_t, \theta) \, A^\pi(S_t, A_t)$$

で表せることから、θの更新式は以下の 式5.10 のように書けます。

$$\theta \leftarrow \theta + \alpha \nabla_\theta J(\theta)$$
$$\nabla_\theta J(\theta) = \nabla_\theta \big(\log \pi(A_t|S_t, \theta) \big) \, A^\pi(S_t, A_t)$$
$$A^\pi(S_t, A_t) = G_t - V(S_t)$$

式5.10

目的関数を明示するため 式5.10 から微分演算子を取ると、以下の 式5.11 で表さ

れる目的関数の最大化問題に帰着します。

$$\big(\log \pi(A_t|S_t,\theta)\big) A^\pi(S_t,A_t) \qquad \text{式5.11}$$

式5.11 に現れる $\log \pi(A_t|S_t,\theta)$ は、 式5.9 をもとに logprob メソッドで算出しています（ リスト5.5 ）。

リスト5.5 logprob メソッド (policy_estimator.py)

```python
def logprob(self):
  action_logprobs = -0.5 * self.log_var
  action_logprobs += -0.5 \
      * K.square(self.action - self.mu) \
      / K.exp(self.log_var)
  return action_logprobs
```

TensorFlow には最大化の関数がなく、最小化関数しか対応していないため、式5.11 に−1を掛けた値を損失関数 loss として実装します。また、最適化ソルバーには、RMSprop を採用しています（ リスト5.6 ）。

リスト5.6 compile メソッド (policy_estimator.py)

```python
def compile(self):
    self.state = tf.placeholder(
        tf.float32, shape=(None, self.dim_state))
    self.action = tf.placeholder(
        tf.float32, shape=(None, self.dim_action))
    self.advantage = tf.placeholder(tf.float32,
                                    shape=(None, 1))

    self.mu, self.log_var = self.model(self.state)

    self.action_logprobs = self.logprob()
    self.loss = -self.action_logprobs * self.advantage
    self.loss = K.mean(self.loss)

    optimizer = tf.train.RMSPropOptimizer(
        self.leaning_rate)
    self.minimize = optimizer.minimize(self.loss)
```

● ネットワークの更新（updateメソッド）

updateメソッドには、状態・行動・報酬・アドバンテージの履歴をもとに
lossを最小化するようにニューラルネットワークのパラメータを更新する機能
が実装されています（ リスト5.7 ）。

リスト5.7 updateメソッド（policy_estimator.py）

```python
def update(self, sess, state, action, advantage):
    feed_dict = {
        self.state: state,
        self.action: action,
        self.advantage: advantage
    }
    _, loss = sess.run([self.minimize, self.loss],
                        feed_dict)
    return loss
```

● 行動の確率的選択（predictメソッド）

predictメソッドには、状態sを受け取りガウス方策により、行動をサンプ
リングする機能が実装されています。具体的には 式5.7 で表される正規分
布$N(\mu_k(s), \sigma_k^2(s))$にしたがって$k$次元目の行動$a_k$をサンプリングする機能を
実装しています（ リスト5.8 ）。

リスト5.8 predictメソッド（policy_estimator.py）

```python
def predict(self, sess, state):
    mu, log_var = sess.run([self.mu, self.log_var],
                            {self.state: [state]})
    mu, log_var = mu[0], log_var[0]
    var = np.exp(log_var)
    action = np.random.normal(loc=mu,
                              scale=np.sqrt(var))
    return action
```

5.4.4 value_estimator.py

value_estimator.pyにはベースラインとして用いる価値関数$V(s)$を計算する機能が実装されています。以下では、value_estimator.pyの各メソッドについて説明します。

● ネットワークのアーキテクチャ構築 (build_networkメソッド)

build_networkメソッドには、ある状態sを受け取って価値関数$V(s)$を出力するニューラルネットワークが実装されています (リスト5.9)。

リスト5.9 build_networkメソッド (value_estimator.py)

```python
def build_network(self):
    nb_dense_1 = self.dim_state * 10
    nb_dense_3 = 5
    nb_dense_2 = int(np.sqrt(nb_dense_1 *
                            nb_dense_3))

    l_input = Input(shape=(self.dim_state,),
                    name='input_state')
    l_dense_1 = Dense(nb_dense_1,
                      activation='tanh',
                      name='hidden_1')(l_input)
    l_dense_2 = Dense(nb_dense_2,
                      activation='tanh',
                      name='hidden_2')(l_dense_1)
    l_dense_3 = Dense(nb_dense_3,
                      activation='tanh',
                      name='hidden_3')(l_dense_2)
    l_vs = Dense(1, activation='linear',
                 name='Vs')(l_dense_3)

    self.model = Model(inputs=[l_input],
                       outputs=[l_vs])
    self.model.summary()
```

● ネットワークのlossとoptimizerの設定（compileメソッド）

compileメソッドでは、build_networkメソッドで作成したニューラル
ネットワークの損失関数lossと最適化ソルバーoptimizerを実装します。
lossは、 式5.6 で表される$V(S_t)$と割引報酬和G_tの二乗誤差として定義されま
す。optimizerには、Adamソルバーを採用します（ リスト5.10 ）。

リスト5.10 compileメソッド（value_estimator.py）

```python
def compile(self):
    self.state = tf.placeholder(
        tf.float32, shape=(None, self.dim_state))
    self.target = tf.placeholder(tf.float32,
                                 shape=(None, 1))

    self.state_value = self.model(self.state)
    self.loss = tf.squared_difference(
        self.state_value, self.target)
    self.loss = K.mean(self.loss)

    optimizer = tf.train.AdamOptimizer(
        self.leaning_rate)
    self.minimize = optimizer.minimize(self.loss)
```

● ネットワークの更新（updateメソッド）

updateメソッドには、状態・報酬の履歴をもとにlossを最小化するように
ニューラルネットワークのパラメータを更新する機能が実装されています
（ リスト5.11 ）。

リスト5.11 updateメソッド（value_estimator.py）

```python
def update(self, sess, state, target):
    feed_dict = {
        self.state: state,
        self.target: target
    }
    _, loss = sess.run([self.minimize, self.loss],
                       feed_dict)
    return loss
```

5.5 学習結果と予測制御

ここでは、5.4節で紹介した実装例を用いて、Walker2DPyBulletEnv-v0環境で「学習」を行った結果を示します。さらに、学習済みの方策を用いて実際にhumanoidを歩かせる予測制御を行った結果について説明します。

5.5.1　学習結果

強化学習を実行するには、以下のコマンドによりtrain.pyを実行してください。

[コードセル]

```
!python3 train.py
```

一般に、学習が進んでいるかを定量的に評価する指標は**メトリック**と呼ばれています。ここでは、以下の 表5.3 に示す3つのメトリックを用いて学習経過を示します。学習の進行状況は、エピソード数に対して3つのメトリックの時系列推移を可視化した学習曲線として示します（ 図5.9 ）。

表5.3　学習の評価に用いる3つのメトリック

#	メトリック	概要
1	steps/episode	1エピソード内で倒れずに繰り返したステップ数 早く倒れると短いステップ数になる
2	score	1エピソードで得られた報酬和
3	loss	ガウス方策を表すニューラルネットワークの損失関数

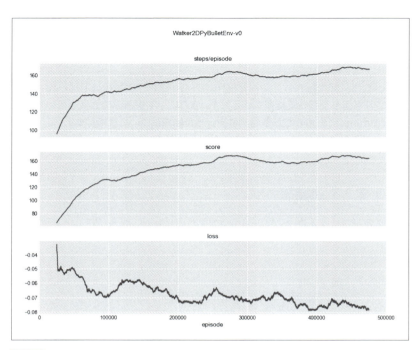

図5.9 Walker2Dにおける学習曲線

● 結果の解釈

図5.9 の学習曲線より、3つのメトリックに対して 表5.4 に示す解釈が成り立っており、強化学習による連続制御がうまく学習されていることが推察できます。

表5.4 学習曲線の解釈

#	メトリック	解釈
1	steps/episode	学習が進むにつれ値が大きくなっている。これは学習が進むにつれ、1エピソードで倒れずに歩行できたステップ数が大きくなっていると解釈できる
2	score	学習が進むにつれ値が大きくなっている。これは1エピソードで得られる報酬が大きくなるように学習が行われていると解釈できる
3	loss	学習終盤では一定の値に収束していることがわかる。これにより、安定した学習が行えたと解釈できる

5.5.2 予測制御の結果

次に、学習により得られた方策を用いて予測を行い、実際にhumanoidを歩かせてみましょう。ここで言う予測とは、学習により得られた確率的方策（policy_estimator.pyが保持するニューラルネットワークの重み係数）を用いてhumanoidの行動を制御することを意味します。具体的には、学習済みのガウス方策の重み係数をpath（`weight_path`）で指定してpredict.pyを実行します。また、MEMO 4.1 における記載の通り、DockerやColaboratoryではGUIの描画を行うウィンドウを持っていないため、実行コマンドの前に、`xvfb-run -s "-screen 0 1280x720x24"`を付けて実行してください。

[コードセル]
```
!xvfb-run -s "-screen 0 1280x720x24" python3 ➡
{weight_path}
```
　　　　　　学習済みのガウス方策の重み係数をpathで指定

図5.10 に、50万エピソード学習させたパラメータを用いて予測制御を行った結果を示します[※13]。動画出力については、付属コードに学習済みの重み係数およ

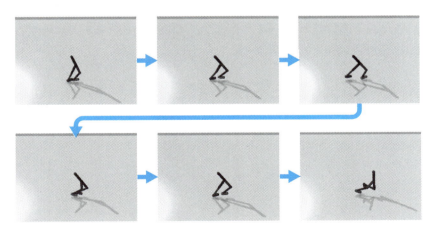

図5.10 学習済みの方策のパラメータを用いた`Walker2DPyBulletEnv-v0`の予測結果（画像はmp4ファイルから抜粋）

※13 5万エピソード時点の学習結果で予測制御を行った場合、数歩歩き出そうとしていますが、まだうまく歩行するには至っていません。このように学習途中のモデルを用いてpredict.pyを回してみると、humanoidの学習が進んでいく様子を目視できて興味深いです。

び予測結果の動画ファイル（mp4形式）がありますので参照してください。学習により得られた確率的方策を用いてhumanoidが歩く様子を確認できます。

5.5.3　他の環境モデルへの適用

5.2節で紹介した学習アルゴリズムは、あくまでも観測された状態・行動・報酬の観測データのみで学習を行うアルゴリズムです。これは「環境に対し特定のモデルを仮定していない」アルゴリズムということができます。具体的には、humanoidが状態sのときに行動aを取った際の次状態s'への遷移確率$p(s'|s,a)$の情報を知らなくても学習できるアルゴリズムであることを意味します。

2.4節で触れたように、このような環境に依存しない学習アルゴリズムはモデルフリーなアルゴリズムと呼ばれています。**5.2節**で紹介した学習アルゴリズムがモデルフリーであることを確かめるために、Walker2D以外の環境での学習を行った結果を示します。具体的には、**第4章**で取り上げたOpenAI Gymの倒立振子**Pendulum-v0**[※14]と、pybullet-gymのHopper、Antに対する学習および予測結果を示します。

まず、3つの環境に対する学習曲線を以下の **図5.11** から **図5.13** に示します。

図5.11 のPendulum-v0の学習曲線のうち一番上のステップ数のグラフは一定値200を保って推移しています。これは、Pendulum-v0の仕様上、試行回数の上限が200回に設定されているためです。

※14　**第4章**では、連続的な行動を右または左に押すといったように離散的な行動に変換して扱いましたが、ここでは1次元の連続的な行動としてそのまま扱います。

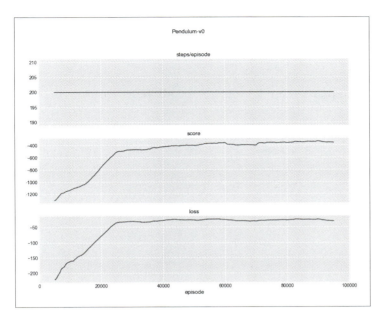

図5.11 Pendulum-v0の学習曲線

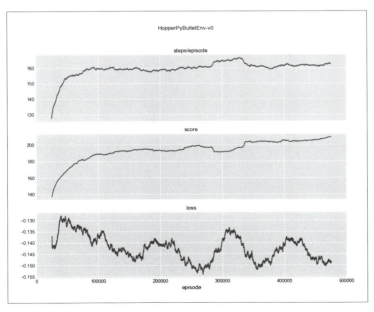

図5.12 HopperPyBulletEnv-v0の学習曲線

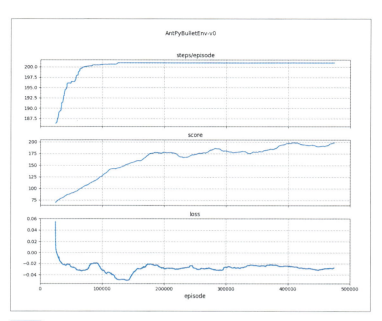

図5.13 AntPyBulletEnv-v0の学習曲線

次に、予測結果を以下の **図5.14** に示します。

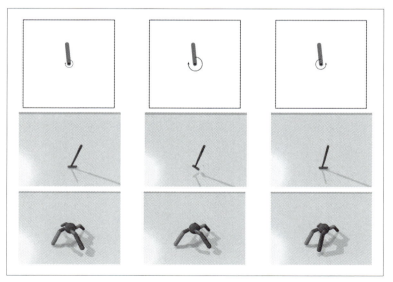

図5.14 Pendulum-v0/HopperPyBulletEnv-v0/AntPyBulletEnv-v0の予測結果

`Walker2DPyBulletEnv-v0`と同様に予測結果のmp4ファイルを本書のサンプルのダウンロードサイトからダウンロードして参照してください。

上記に示した結果より、3つの環境の学習/予測の結果について以下の2点がわかります。

- 図5.11 から 図5.13 の学習曲線より、報酬が大きくなるように学習が行われている
- 図5.14 の予測結果より、各環境に置いて理想的な行動をしている

この結果より、**5.2節**で紹介した学習アルゴリズムは、Walker2D環境に特化したアルゴリズムではなく、様々な環境においても適用できるモデルフリーな学習アルゴリズムであることが確認できました。

5.5.4 まとめ

本章では、連続制御問題に対する方策勾配法の具体的なアルゴリズムやモデルの工夫として、REINFORCEアルゴリズム、ベースライン、ガウスモデルによる確率的方策を実装とともに紹介しました。

これらの実装を用いて、`pybullet-gym`に用意されている環境のうちhumanoidが歩くことを目的とするWalker2Dに対して学習を行い、実際にhumanoidが歩くように制御できることを示しました。また、本章で紹介したアルゴリズムはモデルフリーなアルゴリズムであり、Walker2D以外の環境にも適用できる汎用的な学習アルゴリズムであることも確認できました。

COLUMN 5.3

連続動作制御に対する様々な方策ベース手法の紹介

　本章で紹介したREINFORCEアルゴリズムは連続動作制御に対する方策ベース手法の中で最もシンプルなものです。その他の方策勾配法に基づく手法のうち代表的なものをいくつか紹介します[※15]。

Deep Deterministic Policy Gradient（DDPG）

- 論文：『**Continuous control with deep reinforcement learning**』
  (Timothy P. Lillicrap, Jonathan J. Hunt, Alexander Pritzel, Nicolas Heess, Tom Erez, Yuval Tassa, David Silver, Daan Wierstra)
  URL　https://arxiv.org/abs/1509.02971

　確率的方策によるモデルでは、状態 s を入力として行動を確率的にサンプリングしていました。一方で、行動が確率的サンプリングではなく、最適行動として決定論的（deterministic）に決定されるという仮定を置いた手法として、Deterministic Policy Gradient Algorithms（DPG）という手法が提案されています[※16]。

　決定論的方策を $\mu_\theta(s)$ としたとき、DPGでは以下の2点が成り立つとき学習が収束することが証明されています。

- $Q^w(s, \mu_\theta(s))$ はTD誤差により学習を行う
- 方策のパラメータ θ は $\theta_{t+1} = \theta_t + \alpha \nabla_\theta \mu_\theta(S_t) \nabla_a Q^w(S_t, A_t)|_{a=\mu_\theta(s)}$ で更新を行う

　この手法を深層ニューラルネットワークによる関数近似を適用したActor-Critic法（**2.4.4項**）に適用した手法が、Deep Deterministic Policy Gradient（DDPG）です。

Trust Region Policy Optimization（TRPO）

- 論文『**Trust Region Policy Optimization**』
  (John Schulman, Sergey Levine, Philipp Moritz, Michael I. Jordan, Pieter Abbeel)
  URL　https://arxiv.org/abs/1502.05477

※15　数式の表記は、引用論文に記載されている数式の記法にしたがっています。数式の説明など詳細について知りたい方は引用論文を読んでみてください。

※16　例えば、以下の資料が参考になります。
　　　URL http://proceedings.mlr.press/v32/silver14.pdf

REINFORCEなどの従来の方策勾配法によるアルゴリズムは、学習が安定しないという問題がありました。Trust Region Policy Optimization（TRPO）は、簡単に言うと、学習の安定化のために確率的方策が更新前後で大幅に変化することを防ぐよう制約を加えた手法です。具体的には、更新前の確率的方策と更新後の確率的方策のKullback–Leibler情報量（KL情報量）を計算し、閾値δで制約をかけます。

$$\mathbb{E}[\mathrm{KL}[\pi_{\theta_{old}}(.|S_t)|\pi_{\theta_{new}}(.|S_t)]] \leq \delta$$

　TRPOでは、通常の方策勾配アルゴリズムと異なり、以下の式で表される代理アドバンテージ（surrogate advantage）を上式の制約のもとで最大化します。

$$\mathbb{E}\left[\frac{\pi_{\theta_{new}}(a|S_t)}{\pi_{\theta_{old}}(a|S_t)} A_{\theta_{old}}(S_t, A_t)\right]$$

　さらに制約式を正則化項と見なして目的関数に組み込むことで、以下の目的関数の最大化問題に帰着します。

$$\mathbb{E}\left[\frac{\pi_{\theta_{new}}(a|S_t)}{\pi_{\theta_{old}}(a|S_t)} A_{\theta_{old}}(s, a)\right] - \beta\, \mathrm{KL}[\pi_{\theta_{old}}(.|S_t)|\pi_{\theta_{new}}(.|S_t)]$$

Proximal Policy Optimization Algorithms

● 論文『**Proximal Policy Optimization Algorithms**』
(John Schulman, Filip Wolski, Prafulla Dhariwal, Alec Radford, Oleg Klimov)
URL　https://arxiv.org/abs/1707.06347

　TRPOアルゴリズムで、新旧の確率的方策の比率を$r_t(\theta)$で定義します。

$$r_t(\theta) = \frac{\pi_{\theta_{new}}(a|S_t)}{\pi_{\theta_{old}}(a|S_t)}$$

　$r_t(\theta)$が1から離れるときは、大きく方策が更新されたと解釈できます。このように方策が大きく更新される際に目的関数が$r_t(\theta)$の値に依存しやすいことへの解決策として、$r_t(\theta)$に$(1-\epsilon, 1+\epsilon)$の範囲で制限をかける手法がProximal Policy Optimization Algorithms（PPO）です。実際に更新を行う際には、制限をかける前後で値を比べて最小となるほうを目的関数として採用します。

$$L^{CLIP}(\theta) = \mathbb{E}\left[\min\big(r_t(\theta)A_{\theta_{old}}(S_t, A_t), \mathrm{clip}(r_t(\theta), 1-\epsilon, 1+\epsilon)A_{\theta_{old}}(S_t, A_t)\big)\right]$$

CHAPTER 6

組合せ最適化への
応用

本章では強化学習による方策学習を、離散組合せ最適化へ応用する例
を2つご紹介します。

1つ目の例として、巡回セールスマン問題を取り上げます。この問題は、
セールスマンが複数の訪問地点を重複することなく最短距離で巡回でき
るルートを見つけるという問題です。巡回ルートは訪問地点を順序付けた
系列データであり、Seq-to-Seq のような系列変換モデルを変形したニュー
ラルネットワーク（Pointer Network）により探索することができます。
REINFORCE アルゴリズムなどの方策ベース手法により Pointer Network
を学習して、巡回セールスマン問題が解けることを実装例を交えて解説し
ます。

2つ目の例として、ルービックキューブ問題を取り上げます。Actor-Critic
モデルによる方策学習とモンテカルロ木探索を組合せた高精度な学習ア
ルゴリズムについて、実装例を交えて解説します。今回はアルゴリズムだ
けでなくルービックキューブのシミュレータも自前で実装して学習を行いま
した。学習結果に基づいてルービックキューブ問題を解いてみた結果につ
いても解説します。

6.1 組合せ最適化への応用について

本節では本章で取り扱う組合せ最適化問題へのアプローチ概要を説明します。

6.1.1 組合せ最適化について

組合せ最適化、より広く言えば数理最適化は、分析結果に基づいて業務上の意思決定を行う最終段階で頻繁に検討される手続きです。例えば、様々な製品に関する将来の需要予測を行った結果に基づき、予算などの業務上の制約を考慮した上で、製品のどのような組合せや割合が利益（リスク）を最大化（最小化）するかを求め、その施策のインパクトを概算したりします。

典型的な例では、今回取り上げる巡回セールスマン問題やナップザック問題などが挙げられます[※1]。また広くボードゲームなども、最適な打ち手の列（戦略）を考える最適化問題と考えられるかと思います。

組合せの場合の数は、考える要素数に対して指数関数的に増加するため、最適となる解をしらみつぶしに探索していてはとても最小となる解を見つけることはできません。そこで数学的なアプローチを使ってより効率的に探索することで、リーズナブルな時間で解を見つけようとするわけです。

具体的な解法としては、大きく分けると、

- ヒューリスティクス解法
- 厳密数値解法

の2つがあるかと思います。

ヒューリスティクス解放（ URL https://en.wikipedia.org/wiki/Metaheuristic）は、問題特性に関するドメイン知識を活用しながらよい近似解を得ることを目指

※1 詳細にご興味のある方は、以下の各種参考書を参照ください。
- 『あたらしい数理最適化』
  （久保 幹雄、ジョア・ペドロ・ペドロソ、村松 正和、アブドル・レイス著、近代科学社、2012）
   URL https://www.amazon.co.jp/dp/4764904330
- 『これなら分かる最適化数学』（金谷 健一、共立出版、2005）
   URL https://www.amazon.co.jp/dp/4320017862

します。例えば、巡回セールスマン問題では局所探索の一種である **2-opt法**（ `URL` https://en.wikipedia.org/wiki/2-opt）などが有名で、交差するルートの組合せを順列を入れ替えて排除する戦略で探索を進め、妥当な解を発見しようとします。

一方、厳密数値解法は、より**汎用的な戦略を用いて**探索空間や探索方法に工夫を加えながら数値的に厳密解を得ようとします。例えば、制約を緩和した緩和問題を解くことで上界を与え、探索空間を制限しながら探索を進める**分枝限定法**（ `URL` https://en.wikipedia.org/wiki/Branch_and_bound）などが有名です。

それぞれの解法には、表6.1のような表裏一体でトレードオフとなっている長所、短所があり、実際の課題においては、それらを組合せて用いることが多くなっています。

表6.1 ヒューリスティクス解法と厳密数値解法の長所と短所

解法	長所	短所
ヒューリスティクス解法	● 解を得るまでの計算時間（推定時間）が短い	● 問題固有のドメイン知識が必要 ● 基本的には近似解
厳密数値解法	● 問題汎用的なアプローチ ● 最適解が期待できる	● 解を得るまでの計算時間（推定時間）が長い

ここで紹介する機械学習や強化学習によるアプローチは、これらのトレードオフを解決しようというアプローチで、敢えて図示すると図6.1のようになります。機械学習のアプローチによって、ヒューリスティクス解法に用いられている既存のドメイン知識をデータに基づいて再構築・改善し、高速により精度の高い解を与える方策・戦略を獲得することを目指します。

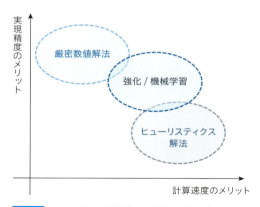

図6.1 トレードオフを解決しようというアプローチ

以下では、組合せ問題への応用として、**6.2節**で典型的な組合せ問題である「巡回セールスマン問題」を、**6.3節**でより戦略的な「ルービックキューブ問題」を、順次紹介していきます。

6.2 巡回セールスマン問題

本節では典型的な組合せ問題である巡回セールスマン問題を紹介し、強化学習によるアプローチ例を解説します。

6.2.1 巡回セールスマン問題を強化学習で解く

● 問題設定とアプローチ

巡回セールスマン問題とは、**図6.2** 左のような各拠点を**必ず1回だけ通る**という制約のもとで、**距離が最小**となる**巡回ルート**を見つける問題です。この例では48拠点ですが、この例でも（初期拠点は固定しても一般性を失わないので）$47! \sim 10^{60}$通りのルートが存在し、しらみつぶしに探索していては、とても最小となる解は見つかりません。

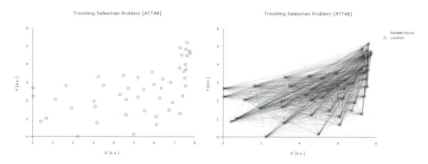

図6.2 巡回セールスマン問題

出典 「TSP Data for the Traveling Salesperson Problem」のATT48を利用
URL https://people.sc.fsu.edu/~jburkardt/datasets/tsp/tsp.html

本問題に対するヒューリスティクス解法としては、先程も述べた2-opt法や近接ルートを積み上げる貪欲法などがあり、厳密数値解法としては、分枝限定法や切除平面法などが挙げられます（汎用探索手法である厳密解法に関しては、有償、無償の様々なソルバーが提供されており、それらの探索上の様々な工夫が内部で施され、詳細まで踏み込まなくても課題を解決できるように工夫されています）。

今回は、このような問題に対して、深層強化学習を用いてアプローチする方法を紹介します。この取り組みは、2017年にGoogle Brainから、広く組合せ最適化問題に対する強化学習の適用に関する論文『Neural Combinatorial Optimization with Reinforcement Learning』（Irwan Bello, Hieu Pham, Quoc V. Le, Mohammad Norouzi, Samy Bengio、 URL https://arxiv.org/abs/1611.09940）が報告されており、今回はその内容に沿って、巡回セールスマン問題への適用を紹介します。

📝 COLUMN 6.1

強化学習と教師あり学習

　上記で紹介した論文『Neural Combinatorial Optimization with Reinforcement Learning』では、Pointer Networkの学習に強化学習を用いています。一方、実はPointer Networkの提案論文『Pointer Networks』（Oriol Vinyals, Meire Fortunato, Navdeep Jaitly、 URL https://arxiv.org/abs/1506.03134）では、既存ソルバーの解を教師として用意し、教師あり学習を行っています。

　2つの学習アルゴリズムの大きな違いは、正解教師データを外部から与える必要がある（教師あり学習）か、もしくは、学習データを自ら探索して取得していく（強化学習）か、にあります。その特徴に伴って2つの学習アルゴリズムには、 表6.2 のような代表的な長所、短所があります。

表6.2 教師あり学習と強化学習の長所と短所

学習手法	長所	短所
教師あり学習	達成精度に対するデータ効率がよい	事前に教師データを準備する必要がある
強化学習	自らデータを探索し自律的に学習する	試行錯誤を伴うためデータ効率が悪い

　強化学習はデータ探索の試行錯誤を伴うため、達成精度に対する必要データ量の効率は悪くなる傾向にあります。一方、性質の良くない系列（不正解）も含めて様々な詳細パターンを経験するため、最終的にはより豊富な表現が得られる可能性も秘めています。実際、参照論文では、もとの教師ありの結果と比較し、よりよい性能を発揮したことが報告されています。

　一方、強化学習の大きな利点は、ルールや達成したい目的のみから、supervisionやドメイン知識なしで自律的に学習を進めることができる点です。ご紹介した論文のアプローチは、囲碁でのAlphaGo Zero（ URL https://deepmind.com/blog/alphago-zero-learning-scratch/）のように、ヒューリスティクスに準ずる（もしくは置きかわる）ような組合せ生成パターンを、問題設定のみからスクラッチ学習しようという精力的な試みとなっています。

　以上から推察される通り、強化学習によるアプローチの適用ケースとしては、

- ヒューリスティクスが与えにくいような条件が複雑な難しい問題を解く必要があるケース
- 最適化の専門家が不在の中、尤もらしい解を（適用業務制約上）短時間で得る必要があるケース

などが挙げられるかと思います。

6.2.2 実装概要

実装例の全体は本書のサンプルの「contents/6-2_tsp」ディレクトリを参照いただくとして、実装の基礎となる内容のみ簡単に記載します。

構築ネットワークについて

参照論文では、図6.3 の『Sequence to Sequence Learning with Neural Networks』などの文章系列生成からの類推から、解きたい問題の構成要素（巡回セールスマン問題の場合は、地点座標の集合、ないし列）をネットワークに入力し、その入力の特徴に基づいて、適切な組合せパターン列（巡回する地点の順列）を出力するネットワークを学習することを考えています。

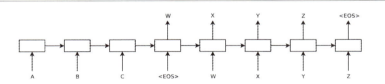

図6.3 Sequence to Sequence Learning with Neural Networks

出典 『Sequence to Sequence Learning with Neural Networks』（Ilya Sutskever, Oriol Vinyals, Quoc V. Le）のFigure1より引用
URL https://arxiv.org/abs/1409.3215

これまでどのような系列を辿ってきたか（どの地点を巡ってきたか）に応じて、適切な組合せのパターン列を順次生成する必要があるため、特に復号化部分にはLSTMのような再帰的な構造が用いられています。

ただし、文章生成と異なる点は、組合せ最適化の場合、入力集合の中から（重複なく）選択しながら出力パターン列を生成する必要がある点です。これを可能にするため、論文では 図6.4 のような『Pointer Networks』というネットワークを利用しています[※2]。

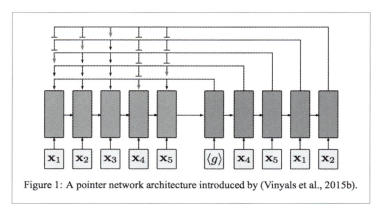

図6.4 Pointer Networks

出典 『Pointer Networks』（Oriol Vinyals, Meire Fortunato, Navdeep Jaitly）のFigure1より引用
URL https://arxiv.org/abs/1506.03134

Seq-to-Seqと同様にEncoder、Decoderから構成され、左側の5層からなる部分がEncoder、右側の5層からなる部分がDecoderです。Pointer NetworkのDecoder部分は、文章系列生成で導入されたAttention機構[※3]と同じような参照機構（Pointing機構）を持ち、各出力からEncoderの出力列への参照を行い、尤もらしい参照先をDecoderの次の入力として出力系列を順次生成していきます。参照に際しては、一度選択された参照先については都度maskを掛け、重複して選択されることを避けています。

[※2] 2019年1月にリリース（『AlphaStar: Mastering the Real-Time Strategy Game StarCraft II』、
URL https://deepmind.com/blog/alphastar-mastering-real-time-strategy-game-starcraft-ii/）があったAlphaStarの方策においてもPointer Networkが用いられていたようです。

[※3] 以下の論文を参照してください。
- 『Neural Machine Translation by Jointly Learning to Align and Translate』
 （Dzmitry Bahdanau, Kyunghyun Cho, Yoshua Bengio）
 URL https://arxiv.org/abs/1409.0473
- 『Attention Is All You Need』
 （Ashish Vaswani, Noam Shazeer, Niki Parmar, Jakob Uszkoreit, Llion Jones, Aidan N. Gomez, Lukasz Kaiser, Illia Polosukhin）
 URL https://arxiv.org/abs/1706.03762

再帰ネットワークとともに、このPointing機構の参照ネットワークをデータから学習することで、よりよい組合せパターン列の出力が可能になることを期待します。

このPointer NetworkはEncoderとDecoderから構成されますが、実装概要は リスト6.1 のようになります。

まずEncoderとしては、例えばLSTM Cell（もしくは出力系列を返すLayer）を再帰的に用いて単純な一層のネットワークを構成することが可能です。

リスト6.1 Encoder側（agent/models.py）

```python
import tensorflow as tf
from tensorflow.keras.layers import LSTMCell, LSTM
from tensorflow.keras.layers import Bidirectional


class Encoder(object):

    def __init__(self, n_neurons=128, batch_size=4,
                 seq_length=10):
        # パラメタ設定
        self.n_neurons = n_neurons
        self.batch_size = batch_size
        self.seq_length = seq_length

        # 再帰セル定義
        self.enc_rec_cell = LSTMCell(self.n_neurons)

    # ネットワーク定義
    # Decoderとの対比から、（LSTMレイヤでなく）敢えて明示的に
    # Loopで記載
    def build_model(self, inputs):

        # Bi-directional LSTMレイヤを挿入
        inputs = Bidirectional(LSTM(self.n_neurons,
                               return_sequences=True),
                               merge_mode='concat')(inputs)

        input_list = tf.transpose(inputs, [1, 0, 2])
```

```
enc_outputs, enc_states = [], []
state = self._get_initial_state()

for input in tf.unstack(input_list, axis=0):
    # 再帰ネットワークへの入出力
    output, state = self.enc_rec_cell(
        input, state)

    enc_outputs.append(output)
    enc_states.append(state)

# 出力の蓄積
enc_outputs = tf.stack(enc_outputs, axis=0)
enc_outputs = tf.transpose(enc_outputs,
                           [1, 0, 2])

enc_state = enc_states[-1]

return enc_outputs, enc_state
```

　一方、Decoder側はPointing機構を持つ、 リスト6.2 のようなネットワークを
構成します。

リスト6.2 Decoder側 (agent/models.py)

```
import tensorflow as tf
from tensorflow.keras.layers import LSTMCell
from tensorflow.distributions import Categorical

class ActorDecoder(object):

    def __init__(self, n_neurons=128, batch_size=4,
                 seq_length=10):
        # パラメタ設定
        self.n_neurons = n_neurons
        self.batch_size = batch_size
        self.seq_length = seq_length

        # 地点マスク用罰則
```

```python
        self.infty = 1.0E+08
        # 地点マスクbit（テンソル）
        self.mask = 0
        # サンプリングのシード
        self.seed = None

        # 初期入力値のパラメータ変数（Encoderセルの出力次元、
        # [batch_size, n_neuron]）
        first_input = tf.get_variable(
            'GO', [1, self.n_neurons])
        self.dec_first_input = tf.tile(
            first_input, [self.batch_size, 1])

        # Pointing機構のパラメータ変数
        self.W_ref = tf.get_variable(
            'W_ref',
            [1, self.n_neurons, self.n_neurons])
        self.W_out = tf.get_variable(
            'W_out',
            [self.n_neurons, self.n_neurons])
        self.v = tf.get_variable('v', [self.n_neurons])

        # 再帰セル定義
        self.dec_rec_cell = LSTMCell(self.n_neurons)

def set_seed(self, seed):
    self.seed = seed

# ネットワーク定義
# Pointing機構による出力列（ネットワーク）の構成と、
# 対応対数尤度の算出
def build_model(self, enc_outputs, enc_state):

    output_list = tf.transpose(enc_outputs,
                               [1, 0, 2])

    locations, log_probs = [], []

    input, state = self.dec_first_input, enc_state
```

```
        for step in range(self.seq_length):

            # 再帰ネットワークへの入出力
            output, state = self.dec_rec_cell(
                input, state)

            # Pointing機構への入出力
            masked_scores = self._pointing(
                enc_outputs, output)

            # 各入力地点の選択(logit)スコアを持った多項分布の定義
            prob = Categorical(logits=masked_scores)

            # 確率に応じた次地点の選択と、該当対数尤度の定義
            location = prob.sample(seed=self.seed)
            # 選択地点の登録
            locations.append(location)

            # 選択地点の対数尤度(テンソル)の算出
            logp = prob.log_prob(location)
            # 対数尤度の登録
            log_probs.append(logp)

            # 既訪問地点マスクと次入力の更新
            self.mask = self.mask + tf.one_hot(
                location, self.seq_length)
            input = tf.gather(output_list, location)[0]

        # 初期地点の再追加(距離/報酬算出の利便性のため)
        first_location = locations[0]
        locations.append(first_location)

        tour = tf.stack(locations, axis=1)
        log_prob = tf.add_n(log_probs)

        return log_prob, tour

# Pointing機構定義
# Encoder出力群(のEmbedding)の情報+Decoder出力の
```

```
# 逐次情報から、参照先別の(logit)スコアを算出
def _pointing(self, enc_outputs, dec_output):

    # Encoder出力項([batch_size, seq_length, ➡
n_neuron])
    enc_term = tf.nn.conv1d(enc_outputs, self.W_ref,
                            1, 'VALID')

    # Decoder出力項([batch_size, 1, n_neuron])
    dec_term = tf.expand_dims(
        tf.matmul(dec_output, self.W_out), 1)

    # 参照先別のスコアの算出([batch_size, seq_length])
    scores = tf.reduce_sum(
        self.v * tf.tanh(enc_term + dec_term), [-1])

    # 既訪問地点(batchごとに異なる)のスコアに-inftyを付与
    masked_scores = scores - self.infty * self.mask

    return masked_scores
```

ここで、重複選択を避けるため、既選択地点に対して都度動的にmaskを掛けネットワークを構成していることに注意してください。また、(選択可能な地点集合に関するMultinomialな分布を仮定し)Pointing機構が与える各地点の次訪問確率値に基づき、生成系列の尤もらしさ(尤度)を算出しています。この尤度は、教師あり学習の損失関数の算出や、強化学習の方策関数として活用されるものです。

● 強化学習アルゴリズムについて

次に、強化学習のアルゴリズムについてです。こちらについては、詳細な記載を避け、論文にある擬似コードのみを 図6.5 に転記して学習アルゴリズムの概要を紹介するにとどめます。詳細は本書の**第2章**および実装ソースや参考文献[4]な

※4 ● 『Reinforcement Learning: An Introduction (Adaptive Computation and Machine)』
(Richard S. Sutton, Andrew G. Barto、2nd Edition, MIT Press、2018)
URL https://www.amazon.co.jp/Reinforcement-Learning-Introduction-Adaptive-Computation/dp/0262039249

どを参照ください。

Algorithm 1 Actor-critic training

1: **procedure** TRAIN(training set S, number of training steps T, batch size B)
2:     Initialize pointer network params θ
3:     Initialize critic network params θ_v
4:     **for** $t = 1$ to T **do**
5:         $s_i \sim \textsc{SampleInput}(S)$ for $i \in \{1, \ldots, B\}$
6:         $\pi_i \sim \textsc{SampleSolution}(p_\theta(.|s_i))$ for $i \in \{1, \ldots, B\}$
7:         $b_i \leftarrow b_{\theta_v}(s_i)$ for $i \in \{1, \ldots, B\}$
8:         $g_\theta \leftarrow \frac{1}{B} \sum_{i=1}^{B} (L(\pi_i|s_i) - b_i) \nabla_\theta \log p_\theta(\pi_i|s_i)$
9:         $\mathcal{L}_v \leftarrow \frac{1}{B} \sum_{i=1}^{B} \|b_i - L(\pi_i)\|_2^2$
10:        $\theta \leftarrow \textsc{Adam}(\theta, g_\theta)$
11:        $\theta_v \leftarrow \textsc{Adam}(\theta_v, \nabla_{\theta_v} \mathcal{L}_v)$
12:     **end for**
13:     **return** θ
14: **end procedure**

図6.5 強化学習のアルゴリズム

出典 I. Bello, H. Pham, Q.V. Le, M. Norouzi, S. Bengio
"Neural Combinatorial Optimiation with Reinforcement Learning" In ICLR 2017の
Algorithm1を引用

URL https://arxiv.org/abs/1611.09940

この学習アルゴリズムは、Actor-Critic、ないしREINFORCE with Baseline[※4]
と呼ばれている典型的な方策勾配ベースの手法となっています。この擬似コード
に現れる p_θ が行動方策（Actor）の関数、b_{θ_v} が状態価値（Critic、もしくは
Baseline）の関数で、これらを上記のEncoder、Decoderのネットワークを用
いて構成します。

具体的には、それぞれ、地点座標の集合を（Encoderの）入力とし、以下の値
を返す関数として構成されます。

- 方策関数：Encoder + Decoder、からなるネットワークが生成する系列全
  体の尤度値
- 価値関数：Encoder + FC層など、からなるネットワークが与える期待報酬
  （巡回路長）値

また、今回は リスト6.3 のように、方策関数と価値関数でEncoderネットワーク
を共有したネットワークを用いました。

リスト6.3 Agent (agent/actor_critic_agent.py)

```python
import tensorflow as tf
from agent.models import Encoder
from agent.models import ActorDecoder, CriticDecoder

class ActorCriticAgent(object):

    def __init__(self, …略…):

        (…略…)

        # 入力データの placeholder の定義
        data_dim = (self.seq_length, self.coord_dim)
        input = tf.placeholder(shape=(None, *data_dim),
                               dtype=tf.float32,
                               name='input_data')
        self.p_holders = input

        # 共通Encoderネットワークの構成
        self.encoder = Encoder()
        enc_outputs, enc_state = \
                    self.encoder.build_model(input)

        # Encoder出力に基づいて方策関数（Actor）のネットワークを構成
        self.actor_decoder = ActorDecoder()
        log_prob, tour = \
            self.actor_decoder.build_model(enc_outputs,
                                            enc_state)

        # Encoder出力に基づいて価値関数（Critic）のネットワークを構成
        self.critic_decoder = CriticDecoder()
        state_value = \
            self.critic_decoder.build_model(enc_outputs,
                                             enc_state)

        (…略…)
```

　強化学習を用いて系列生成ネットワークの学習を行うアプローチは、次章で紹介する SeqGAN と同様のアプローチとなっています。一方、更新の行い方は両

者で異なっており、上記のアルゴリズムでは、サンプル系列をサンプルごとの尤度を都度記録しながら最後まで生成した後、記録した尤度を用いて生成ネットワーク系列全体を一括評価、更新しています（そのため上記のアルゴリズムも1episode＝1stepでの更新となっています）。

　一方SeqGANでは、次章で説明するようにRolloutを活用し、系列サンプルごとに生成ネットワーク（Cell）を都度局所的に評価、更新しています。

　Rolloutを用いる場合、Rollout方策への依存性（bias）が大きくなってしまう一方、時間方向の伝播を必要とせず勾配消失が起こりにくく学習が進みやすいと考えられます。他方、今回のアルゴリズムはbiasが生じない一方、より深いモデルでは学習が安定しなくなる可能性が考えられます。系列生成モデルでのFree RunningとTeacher Forcingの違いに類するものと考えられるかと思います。

　今回は参照論文に従い、上記のアルゴリズムを活用していますが、目的やネットワークによっては次章で紹介するアルゴリズムを用いて学習を進めるのも面白いかもしれません[※5]。

　最後に強化学習の観点で、各要素をまとめておくと 表6.3 のようになります。

表6.3 強化学習の観点における各要素の説明

	概要	表現
状態（state）	前回の訪問地点のEncoder出力＋隠れ状態 • ただし、Decoderネットワークの中で非明示的に実行	（再帰Cellの出力次元＋隠れ層次元のベクトル）
行動（action）	次の訪問地点 • ただし、Decoderネットワークの中で非明示的に実行	（地点数次元）
報酬（reward）	地点系列が与える巡回路の距離	−1＊ 巡回路の距離
終端（done）	すべての地点を訪問したかどうか • ただし、Decoderネットワークの中で非明示的に実行	（すべて訪問したらTrue, それ以外はFalse）

　表6.3 のように、Cellを再帰的につなぎ全体の系列を一気通貫で（1stepで）生成するため、上記の強化学習の各要素は明示的には実装の中で見えていないことに留意してください。それらが非自明に行われるため、方策関数や価値関数のネットワークとしては、初期の隠れ状態を作るためのEncoderの入力（地点集合

※5　本書執筆中に「Attention, Learn to Solve Routing Problems!」（URL https://arxiv.org/abs/1803.08475）が国際会議で報告されました。日々活発に発展している現状の一端がうかがえるかと思います。

列）が唯一のネットワークの入力となっています。

　学習用の入力地点集合に対して、方策関数のネットワークによって巡回路を生成し、その尤度や巡回路距離を用いて上記方策勾配アルゴリズムによってネットワークを評価し、より高い報酬が得られるようにネットワークパラメータの更新を進めていきます。

6.2.3　実行結果

　上記のような実装に基づき、実際に強化学習によってよりよい報酬（より短い巡回路長）を与える出力系列が得られるか、実験的に学習を行ってみました。今回は簡単のため、ランダムに発生させた10地点に対して学習を行いました。

　まず、上記のアルゴリズムによる方策/価値ネットワークの学習を行いました。簡単のため、学習はローカルラップトップで1時間程度で終了するepisode数で行いました。図6.6 左に平均価値損失（緑）と平均方策損失（青）、平均報酬（赤）の推移を示しています（本書は2色刷りなのでモノクロで表示されています）。ランダムな方策からスタートし、確かにepisodeの進行によって期待報酬が向上しているのが確認できます。また、今回のネットワークはパラメータ数が少ないこともあり、相対的に小さいバッチサイズ＆大きい学習率で学習を行っていますが、安定した損失推移の学習が行えていることもわかります。

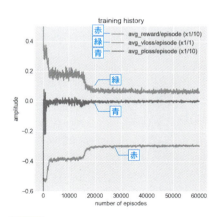
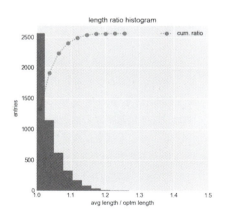

図6.6　アルゴリズムによる方策/価値ネットワークの学習

　一方 図6.6 右は、学習された方策ネットワークを用いて、別のテストデータに対して、どの程度よい巡回路が得られるかをプロットしたものです。ここでは、同様のデータに対して既存ソルバーが与える解の距離を分母に、学習ネットワー

クが与える解の分布を示しています。プロットからわかる通り、短時間での学習ですが、9割以上が最適解の10%増以内に収まる、妥当な巡回路の結果を与えていることがわかります。

実際の推定経路を示したものが 図6.7 になります。ここで示している最適巡回路の算出には、100個の巡回路を生成し、そのベストを用いています。

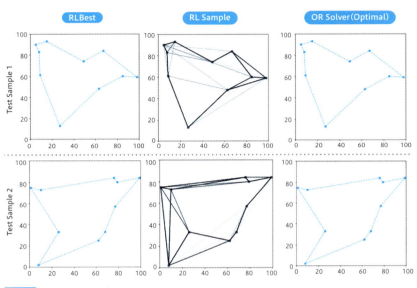

図6.7 実際の推定経路

RL Best が推定された最適巡回路、OR Solver がソルバーによって与えられた（最適）巡路となっています。少ないデータ量での学習でしたが、最適巡回路を生成し得るネットワークが学習できていることがわかります。一方RL Sample は最適経路の推定時に生成した100個の巡回路を単純に重ねたもので、色が濃いほどより多く選ばれている経路になっています。今回学習されたネットワークは必ずしも決定論的に経路を出力しているわけではなく、微妙な地点間（特に近接する地点間）に関してはある程度不定性を持って悩みながら経路生成していることがうかがえます。今後、学習データを増やしたり、学習ネットワークを工夫することで、より不定性の少ない出力が可能になっていくであろう、と考えられます。

また、今回の学習ネットワークが、局所的な経路を積み重ねての系列生成であるため、

- 少ない地点で学習したネットワークを用いての多地点巡回路の推定
- 訪問地点の更新に伴う、残り地点に対する最適巡回路の更新

なども柔軟に行うことができ、これらはより広いビジネス適用ケースが想定可能であることを示唆しています。

前者を簡単に試したものが 図6.8 の例です。この例では20地点で学習し、29地点（実際の地図上の地点[※6]）の巡回路の推定を行っています。

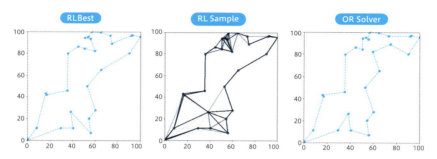

図6.8 少ない地点で学習したネットワークを用いての多地点巡回路の推定
（※6のデータポイントを利用）

Solverの結果とは乖離しているものの、ある程度の巡路を得ることができました。近い地点間の訪問順序に不定性が伴うことも同様にうかがえます。参照論文でも、このような外挿推定力なども考慮した性能評価を行っています。

一方、図6.9 は後者について試行してみたものです。当初計画の10地点の訪問巡路から、実際の訪問地点が（今回はランダムに）決まって行った際に、残りの地点を巡回しつつ青丸の最終帰還地点に戻るまでの最適経路を都度再推定していったものです。

今回のネットワークであれば入力地点集合を変更するだけでこのような柔軟な推定が容易に可能となります。また、訪問地点が減っていくのに応じて、選択巡路の不定性が（予想通り）減っていっていることも見て取ることができます。

以上、簡単な学習を行った結果を、今回の強化学習によるアプローチの特殊性に関連する事柄を中心に紹介しました。一方、今回は簡易的な実装を用いて実験的に試行してみたものです。実際の論文では、補足機構や、探索アルゴリズムの

※6 ・「National Traveling Salesman Problems」
URL http://www.math.uwaterloo.ca/tsp/world/countries.html

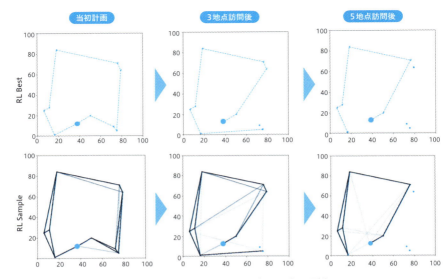

図6.9 訪問地点の更新に伴う、残り地点に対する最適巡回路の更新

追加によるさらなる生成巡回路の改善を図り、100地点を越えるような問題に対しても、ヒューリスティクスや教師あり、厳密最適解と比較可能なレベルの解の出力を実現しています。また、本アプローチの問題設定への柔軟性から、実際の業務応用で求められることの多い訪問時間の制約の追加、などへも柔軟に対応することが可能です[※7]。ご興味のある方はぜひ実際の論文や関連資料を一読いただけると面白いかと思います。

6.2.4　今後の発展可能性

最後に、今回簡易的に得られた結果をより改善していくためのアプローチとしては、

※7　● 『Learning Heuristics for the TSP by Policy Gradient』
（Michel Deudon, Pierre Cournut, Alexandre Lacoste, Yossiri Adulyasak, Louis-Martin Rousseau、2018）
　　URL　https://link.springer.com/chapter/10.1007%2F978-3-319-93031-2_12

- ロングランや非同期化などによって学習データを増やし、方策・価値ネットワークの学習を一層進める
- 学習ネットワークの改善（例：Encoderは本質的には再帰系列である必要はないので、FCやBi-Directional、Attention機構を用いたEncoderネットワークを用いる）
- 今回は学習の振る舞いを確認しながら簡易的に行ったハイパーパラメータの調整
- 以下で紹介するSeqGANのような、Rolloutを用いた局所学習を行ってみる

などが挙げられ、今後適宜検討していければと考えています。

　今回のアプローチは系列生成モデルに基づくもので、この分野は、言語生成にとどまらず動画や音声生成への応用に関連して、より高精度な学習モデル/アルゴリズムの発展が現在も精力的に進められています。

- **WaveNet:A Generative Model for Raw Audio**
  URL　https://deepmind.com/blog/wavenet-generative-model-raw-audio/

- **Transformer: A Novel Neural Network Architecture for Language Understanding**
  URL　https://ai.googleblog.com/2017/08/transformer-novel-neural-network.html

また同様に強化学習に関しても、より効率的な学習モデル/アルゴリズムの模索が続いています。

- **Going beyond average for reinforcement learning**
  URL　https://deepmind.com/blog/going-beyond-average-reinforcement-learning/

- **Preserving Outputs Precisely while Adaptively Rescaling Targets**
  URL　https://deepmind.com/blog/preserving-outputs-precisely-while-adaptively-rescaling-targets/

　これらの構成技術の発展に伴って、本アプローチについてもその掛け算で今後さらなる発展が期待されますので、引き続き注意深く見守っていきたいと考えています。

6.3 ルービックキューブ問題

本節ではより戦略的な組合せ問題であるルービックキューブ問題をご紹介し、強化学習によるアプローチ例を解説します。

6.3.1 ルービックキューブ問題を強化学習で解く

● 問題設定とアプローチ

読者の方にもおなじみのルービックキューブ（ URL https://en.wikipedia.org/wiki/Rubik%27s_Cube）は（図6.10）、各面を次々に回転させることによって解の状態を得るパズルゲームです。小さい頃に慣れ親しんだ方も多いと思いますが、筆者も学生時代に置換群に関連して少々調べたことがあり、思い入れのあるパズルゲームでした[※8]。このルービックキューブは、ある任意の状態から解にたどり着くまでの最適な回転手続きの組合せを見つける組合せ最適化問題として考えることもできます。

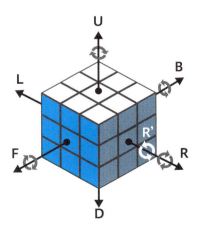

図6.10 ルービックキューブ

※8 ご興味があれば以下の書籍（訳書）も参考にしてください。
- 『群論の味わい −置換群で解き明かすルービックキューブと15パズル−』
（David Joyner 著，川辺 治之 翻訳，共立出版，2010）
 URL https://www.amazon.co.jp/dp/4320019415

可能な組合せ数が爆発することから、ナイーブに全探索するのが現実的でないことは以前の巡回セールスマン問題と同様です。このような問題に対して、様々なヒューリスティクな解法（ URL https://en.wikipedia.org/wiki/Optimal_solutions_for_Rubik%27s_Cube）が提案されているのも同様で、群論を基礎にしたKociemba's algorithmや、探索ベースのKorf's algorithmなどが代表的なアルゴリズムになっています。

この問題に対して、深層強化学習を用いて妥当な求解アルゴリズムをデータから構築するのがここで紹介する試みです。巡回セールスマン問題の場合と同様、強化学習や機械学習の手法を用いることで、既存の手法が持つ長所、短所のトレードオフを解決することを目指すものです。また、特に強化学習を用いるメリットは、ルールや達成したい目的のみから、正解教師データやドメイン知識なしで自律的に学習を進めることができる点で、ヒューリスティクスに準ずる（もしくは置きかわる）ような求解パターンを、ルールのみからスクラッチ学習しようという試みとなっています。

この試みに関して、一年ほど前にUCIのグループから『Solving the Rubik's Cube Without Human Knowledge』(Stephen McAleer, Forest Agostinelli, Alexander Shmakov, Pierre Baldi、 URL https://arxiv.org/abs/1805.07470）という論文が報告されており、今回はその概要を簡単な実装例と実験結果を通して紹介します。

COLUMN 6.2

強化学習アルゴリズムの分類について

強化学習の基礎学習アルゴリズムとして今回は、「モデルフリー」で「方策学習」ベースのActor-Critic（AC）アルゴリズム[9]を用いました。一方、上記の参照論文『Solving the Rubik's Cube Without Human Knowledge』では「モデルベース」で「方策学習」ベースの（動的計画法の一種である）Policy Iteration[9]に基づいたアルゴリズムを用いています。加えて、それら基礎アルゴリズムで学習された方策に「モデルベース」のモンテカルロ木探索（Monte Calro Tree Search, MCST）アルゴリズム[9]をポストプロセスとして組合わせ、予測のさらなる精度向上を図っています。

※9　Actor-CriticやPolicy Iteration、MCTSの基礎についてはSutton本を参照することをお勧めします。
- 『Reinforcement Learning: An Introduction（Adaptive Computation and Machine Learning series）』
（Richard S. Sutton, Andrew G. Barto 著、2nd Edition, MIT Press、2018）
URL https://www.amazon.co.jp/dp/0262039249/

強化学習アルゴリズムは、各アルゴリズムの特徴に基づき、対象課題の特性に沿って選択、組合わされます。その意味でもアルゴリズムの大きな分類を把握できていると全体の見通しがよくなるかと思いますので、以下に今回関連している代表的な分類である、価値/方策学習、モデルフリー/ベースに関して簡単にまとめ（ 表6.4 、 表6.5 ）、今回の手法選択の背景をご説明することにします（他にも方策オン/オフ、前方/後方観測などの重要な分類については、**第2章**の解説を参照してください）。

価値学習か、方策学習か

表6.4 価値学習と方策学習の長所と短所

手法	典型例	長所	短所
価値学習	DQN, DDQN	学習が安定しやすい	"方策"は状態価値から二次的に表現
方策学習	REINFORCE, Actor-Critic	最終目的である"方策"を直接的に表現	局所解に陥りやすい

- 「価値学習」アルゴリズムは、各状態（＋行動）の価値を、今後獲得される（であろう）報酬に基づき学習することを目指します。学習に際して、状態価値が局所的に無矛盾に表現できているか（ベルマン誤差）を保証するように学習を進めるため、学習が安定しやすくなっています。一方、当初の目的である"各状態においてどのような行動を取るべきか"を与える方策は、状態価値関数に基づき、よりよい行動を取るように間接的に表現されます。
- 一方、「方策学習」アルゴリズムは、方策に基づいて行動を進めた際に獲得される（であろう）報酬を最大化するように、よりよい方策を（関数変換等なく）直接的に学習します。本来の目的である"方策"を直接的に学習する一方で、学習データへの依存（バリアンス）が大きくなる傾向があり、ハイパーパラメータへの依存性が大きくなったり、局所解に陥りやすくなる傾向があります。

近年、互いの欠点を補うようなよりよい学習アルゴリズムが検討される中で、一定条件下での「価値学習」と「方策学習」の等価性が示されているように[10]、実はどちらの学習法でも本質的には同様の表現が可能であることがわかってきています。一方、課題応用に際しては、求められる表現や加えたい制約条件、実装的な制約などに基づき、対象課題を扱いやすいアルゴリズムが選択されているようにうかがえます。特に、

1. ターン制のボードゲームなど、複雑で戦略的な行動選択が求められる課題
2. ロボットアームのアクチュエータの連続制御など、高次元で行動自由度の高い課題

に対しては、方策の表現を直接的に保持、評価、工夫するメリットが大きくなり、方策学習に基づいたアルゴリズムが選ばれる傾向が強くなっています。本ルービックキューブの課題においては、上記の1.（下記モデルベース手法との組合せ観点を含む）を鑑みて、**方策ネットワークを直接的に学習するActor-Critic（AC）アルゴリズム**[11] を採用しました。

モデルフリーか、モデルベースか

表6.5 モデルフリーとモデルベースの長所と短所

手法	典型例	長所	短所
モデルフリー	Actor-Critic、DQN	環境に依存せず、限られたデータのみから学習が可能	詳細な学習には時間が掛かる
モデルベース	MCTS、動的計画法	環境に沿った詳細な学習が可能	学習データの網羅的な探索が求められる

- 「モデルフリー」アルゴリズムは、エージェントが環境の詳細（遷移確率）を知ることなく、行動による環境への働きかけとその返り値である報酬や次の状態のみから学習を進めるアルゴリズムです。環境を常にブラックボックスの学習対象として扱い、環境の（確率的）反応も内包した方策や状態価値を学習していきます。特定の環境に依存しない汎用性の高い学習が限られたデータのみから可能である一方、データ効率が悪く詳細な学習にはより多くのデータを必要とし、学習に時間が掛かる傾向にあります。

※10 以下の論文を参照してください。

- 『Equivalence Between Policy Gradients and Soft Q-Learning』
(John Schulman, Xi Chen, Pieter Abbeel)
URL https://arxiv.org/abs/1704.06440

- 『Combining policy gradient and Q-learning』
(Brendan O'Donoghue, Remi Munos, Koray Kavukcuoglu, Volodymyr Mnih)
URL https://arxiv.org/abs/1611.01626

- 『Bridging the Gap Between Value and Policy Based Reinforcement Learning』
(Ofir Nachum, Mohammad Norouzi, Kelvin Xu, Dale Schuurmans)
URL https://arxiv.org/abs/1702.08892

- 『Soft Actor-Critic: Off-Policy Maximum Entropy Deep Reinforcement Learning with a Stochastic Actor』
(Tuomas Haarnoja, Aurick Zhou, Pieter Abbeel, Sergey Levine)
URL https://arxiv.org/abs/1801.01290

※11 - 『Asynchronous Methods for Deep Reinforcement Learning』
(Volodymyr Mnih, Adrià Puigdomènech Badia, Mehdi Mirza, Alex Graves, Timothy P. Lillicrap, Tim Harley, David Silver, Koray Kavukcuoglu)
URL https://arxiv.org/abs/1602.01783

● 一方、「モデルベース」アルゴリズムは、対象の環境が明示的にモデル化されている／モデル化することを前提とし、モデル化された環境を活用し先を予測したり、状態系列を戻したりしながら、方策や状態価値の学習を進めます。環境に寄り添ったデータ効率のよい詳細な学習が可能になる一方、環境をモデル化するために網羅的な状態探索が必要になる傾向にあります。

　今回のような小さい課題（可能な行動選択も考慮すべき行動系列も10オーダー）に対しては、網羅探索の計算コストが小さいため「モデルベース」の手法が用いられやすく、そのため、上記の参照論文では実際、「モデルベース」の手法が基礎学習手法として用いられています。一方、囲碁や将棋のような大きな課題に対しては、「モデルフリー」のアルゴリズムが基礎になることが多くなっています。今回の取り組みでは、今後のより複雑な課題への発展も考慮し、「モデルフリー」のアルゴリズム（Actor-Critic）を基礎とすることにしました。

　実際の課題応用においては、これらも組み合わされて用いられることが多く、実際AlphaGo[12]では、「モデルベース」のMCTSアルゴリズムが（学習された方策ネットワークに基づき）さらに高精度の将来予測を行うためのポストプロセスとして活用され、戦略決定アルゴリズムの重要な一部分を担っています。同様に、上記の参照論文でも、MCTSアルゴリズムをポストプロセスとして用いることで行動選択の精度を大幅に向上させています。今回の取り組みでも、MCTSをポストプロセスとして活用し、基礎方策のみに基づくナイーブな戦略に対し、確かに精度向上が見られるかを確認することにしました。

6.3.2　実装概要

　実装例の全体は本書のサンプルの「contents/6-3_rubiks_cube」ディレクトリを参照いただくとして、ここでは実装の基礎となる内容のみ簡単に記載します。

● シミュレータ環境について

　まず、強化学習の基礎となるシミュレータについてです。様々な人たちがルービックキューブのシミュレータの実装を公開していますが、今回は、状態空間の試行錯誤や自身の理解のためにも、OpenAI Gymの枠組み（参照 URL https://qiita.com/ohtaman/items/edcb3b0a2ff9d48a7def）で簡単に自前実装する

※12　●「**Mastering the game of Go with Deep Neural Networks & Tree Search**」
　　　URL https://deepmind.com/research/publications/mastering-game-go-deep-neural-networks-tree-search/

ことにしました。今回は簡単のため、3×3×3、2×2×2のキューブ（order = 3, 2）のみ想定していますが、より大きなキューブへの拡張も容易かと思います。

今回実装したシミュレータの各要素の概要は 表6.6 の通りです。

表6.6 実装したシミュレータの概要

	概要	表現
状態（state）	各面の各タイルセグメントにどの色付きタイルが配置されているかの状態	タイルの色をone-hotで表現した、order x order x 6 (face) x 6 (color) 次元のベクトル
行動（action）	グローバル回転を除外した（固定ブロック／軸を保持した）、可能な面／スライスの回転操作（図6.10）	• 2×2×2:(F, R, U), • 3×3×3:(F, R, U, B, L, D) + 逆回転（反時計回り）, etc.
報酬（reward）	状態に応じた報酬	• 終端であれば+1、それ以外は−1
終端（done）	キューブが解けた状態かどうか	• 解けたらTrue、それ以外はFalse

回転操作の実装としては、操作に関係する周辺タイルを一度(`order+2`, `order+2`)の行列にマップし、NumPyの操作を用いて90°回転を行っています。また、操作の対称性を考慮し、キューブ全体を回転させるようなグローバルな回転は実装しておらず、指定面（スライス）を回転させる操作のみを考えています（図6.11）。

対称性やキューブ構造の制約に伴って、本来は考慮すべき状態ベクトルもより小さい次元での表現が可能となりますが、今回は簡単のため、冗長ですが最も単

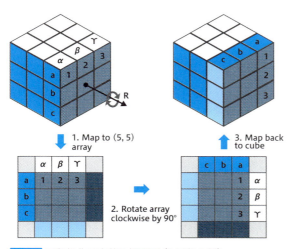

図6.11 回転操作の実装の概要図（R回転の例）

純な上記のようなone-hot表現を用いました。

以下の試行では、2×2×2のルービックキューブに対して、(F, F', R, R', U, U')（Xの逆回転操作をX'で表現）という6つの90°回転操作を行う環境（quarter-turn metricと呼ばれる※13）を採用し実験を行いました。

● 構築ネットワークと学習について

ACアルゴリズムでは、方策ネットワークと価値ネットワークを更新・学習しますが、今回はシェアされた共通ネットワークを持ち、入力であるキューブ状態から、方策（次の各行動の確率）と価値（入力状態の価値）を与える2つのヘッドを持つ1つのネットワークを学習することにしました（図6.12）。

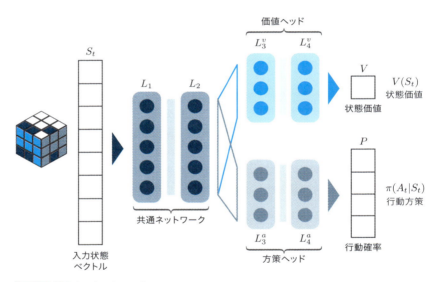

図6.12 学習するネットワーク

オリジナルのAlphaGo※12では、教師あり学習による事前学習結果の転移活用も考慮に入れ、別ネットワークとしていましたが、事前学習を用いないAlphaGo

---

※13 90°（X）, 270°（X'）回転のみでなく180°回転（X+X）も1操作とする"half-turn metric"という基準も存在。ちなみに、上記God's Numberは、quarter-turn metricで、26(14) for 3x3(2x2) cube。一方、half-turn metricで、20(11) for 3x3(2x2) cube、となっています。
　　参考 「Optimal solutions for Rubik's Cube」
　　URL https://en.wikipedia.org/wiki/Optimal_solutions_for_Rubik%27s_Cube

Zeroの論文[※14]では、別々のネットワークを用いる場合と比較して、計算効率や複数の目的に跨る汎用性の高い共通の表現の獲得によってよりよい結果が得られたことが報告されています。切り替えは容易ではありますが、今回はその単純さから2ヘッドのネットワークを活用しました。

学習ターゲットであるデータの生成／探索に関しては、解かれた状態から、可能な回転操作の中からランダムに選択された回転操作を指定回数だけ行い、その状態から強化学習の試行錯誤の探索手続きを実行しています。ランダム操作の回数は、参照論文に従い、より解に近い（＝操作回数が少ない）サンプルが多くなるように **1/操作回数** の重みで生成しました（この重み付けによって、確かにより精度の高い方策が学習できることも確かめられました）。

ACの学習アルゴリズムの概要を記載すると 図6.13 のようになります。

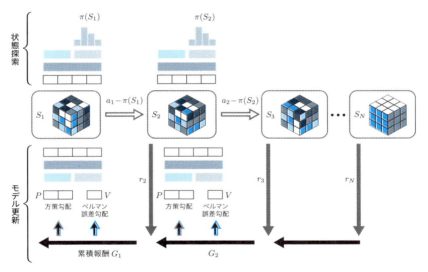

図6.13 ACの学習アルゴリズムの概要

現在の方策ネットワークに基づき（方策オンで）行動選択を行い、環境にアクセスしながら自身で探索を行い（self-play）、獲得した報酬の情報を用いて、方策や価値ネットワークの重みを更新します。今回の課題のような手続き系列の学習に際しては、（$\text{TD}(0)$ではなく$\text{TD}(\lambda)$のように）系列情報を明示的に保持して学習に活用することが、学習効率を向上させるために一層重要になります。今回

※14 ●「AlphaGo Zero: Learning from scratch」
　　　URL https://deepmind.com/blog/alphago-zero-learning-scratch/

は、episode内の獲得報酬情報を保持し、ネットワークの更新の際に重み付き報酬和（G_T）を明示的に再構成する、いわゆる前方観測によって更新を行いました（ リスト6.4 ）。

リスト6.4 Actor-Criticアルゴリズムの定義（train.py, agent/actor_critic_agent.py）

```
###  train.pyより抜粋
import tensorflow as tf
from gym_env.rubiks_cube_env import RubiksCubeEnv
from agent.actor_critic_agent import ActorCriticAgent
from agent.memory import Memory


# メインの処理プロセス
# --- PRE-PROCESS ---
# セッションスタート
sess = tf.Session()

(…略…)

# インスタンスの作成
env = RubiksCubeEnv()
st_shape, act_list =\
    env.get_state_shape(), env.get_action_list()
agent = ActorCriticAgent(st_shape, act_list)
memory = Memory()

(…略…)

# --- TRAIN MAIN ---
# エピソードのループ

(…略…)

for i_episode in range(n_episodes):

    # Cube環境の初期化
    env.reset()
    # Cubeのランダムシャッフル
    _, state = env.apply_scramble_w_weight()
```

```python
    # ステップのループ
    for i_step in range(n_steps):

        # エージェント（方策ネットワーク）による行動推
        action = agent.get_action(sess, state)

        # 選択行動に対して、環境から報酬値などの取得
        next_state, reward, done, _ = env.step(action)

        # 経験のメモリ登録
        memory.push(state, action, reward,
                    next_state, done)

        state = next_state

        if done[0]:
            break

    # --- POST-PROCESS (EPISODE) ---
    # メモリからの経験データの取得
    memory_data = memory.get_memory_data()

    # 経験データを用いたエージェントの更新
    _args = zip(*memory_data)
    losses = agent.update_model(sess, *_args)

    (…略…)

    # 次エピソードのためメモリの初期化
    memory.reset()


### agent/actor_critic_agent.py より抜粋
# エージェントクラスの定義
class ActorCriticAgent(object):

    def __init__(self, …略…):
        (…略…)

    # モデル更新
```

```python
def update_model(self, sess, state, action,
                 reward, next_state, done):

    (…略…)

    # 状態価値とTD誤差の算出
    # TD(0)アルゴリズムの場合
    if 0:
        next_st_val = self.predict_value(
            sess, next_state)
        target_val = np.where(done, reward,
                              reward +
                              self.gamma * next_st_→
val)
    # TD(λ)アルゴリズムの場合
    if 1:
        (…略…)

        # 報酬値の積算によるGtの算出
        target_val = []
        for i_step in range(len(reward)):
            rwd_seq = [self.gamma**i * i_rwd[0]
                       for i, i_rwd in enumerate(
                           reward[i_step:])]
            (…略…)

            g_t = np.sum(rwd_seq)
            target_val.append([g_t])

    st_val = self.predict_value(sess, state)
    td_error = target_val - st_val

    (…略…)

    # feed_dictの定義
    feed_dict = {
        input: state,
        val_obs: target_val,
        td_err: td_error,
        act_obs: action_idx
```

```
    }

    # 価値ネットワークの更新
    _, losses = sess.run(
        [v_optim, self.losses], feed_dict)
    # 方策ネットワークの更新
    _, losses = sess.run(
        [p_optim, self.losses], feed_dict)

    return losses
```

● 方策学習後のポストプロセスについて

　次に、ACアルゴリズムによって学習された方策ネットワークを用いた予測に関してです。

　前項で述べたように、方策ネットワークを直接用いる予測よりも、追加の探索時間は必要となりますが、モンテカルロ木探索（MCTS）をポストプロセスとして追加することで、精度が大きく向上することが報告されています。今回用いたMCTSは、**PUCTアルゴリズム**と呼ばれる（Rolloutを用いない）学習ネットワークを全面的に信頼、活用したアルゴリズムで、AlphaGo Zero[14]でも用いられているものです。（ただしAlphaGo Zeroではポストプロセスだけではなく、self-playによる学習ターゲットの生成にも同様のMCTSを用いています）。

　本MCTSの概要（**図6.14**）を記載すると以下のようになります。

1. Select：既存の探索木の中から、各ノードの価値（V）と選択確率（P）に基づいた一定の選択条件によって子ノードを順次選択しながら報酬情報を収集
2. Expand：終端ノードに達したらさらなる子ノードを展開し、各ノードの選択確率（P）を"推定方策"に基づいて付与
3. Evaluate and Backup：通ってきた行動経路/列によって得られた報酬情報や終端ノードの"推定状態価値"を用いて、該当経路の価値を評価し、関連各ノードの価値（V）を更新
4. Repeat：1へ戻る

　これを繰り返し木探索を終了条件が満たされるまで繰り返します。"推定方策"や"推定状態価値"に既に学習された方策、価値ネットワークを用いることで、探

索木を全探索することなく目ぼしいノードに絞りながら状態の探索と評価を効率的に進めることが可能になります。

ノード選択条件の詳細などは上記の論文などを参照いただくとして、基本的な方針は、上記のP、Vに基づき各ノードに対して算出される**平均状態価値（Q(s,a)∝累積報酬総和/ノード訪問数）とノード探索価値（U(s,a)∝選択確率/ノード訪問数）**から、$a_t = \mathrm{argmax}_a(Q(s_t, a_t) + U(s_t, a_t))$によって、探索と活用のバランスを取りながら選択していきます（ リスト6.5 ）。

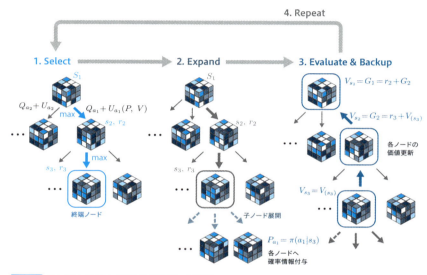

図6.14 モンテカルロ木探索（MCTS）の概要

リスト6.5 モンテカルロ木探索のアルゴリズム（util/mcts.py）

```
# MCTSクラスの定義
class MCTS(object):

    # コンストラクタ
    def __init__(self, agent):
        self.env = RubiksCubeEnv()
        self.agent = agent

        (…略…)

    # 探索の遂行
```

```python
def run_search(self, sess, root_state):

    # --- PRE-PROCESS ---
    # 探索のルートノードの生成
    root_node = Node(None, None, None)

    # 最良経路の記録バッファ
    best_reward = float('-inf')
    best_solved = False
    best_actions = []

    # --- SEARCH MAIN ---
    n_run, n_done = 0, 0
    start_time = time.time()

    # 経路探索ループ
    while True:

        # 探索経路の初期化
        node = root_node
        state = root_state
        self.env.set_state(root_state)

        weighted_reward = 0.0
        done = [False]
        actions = []

        # 選択規則に沿った探索木の探索
        n_depth = 0
        while node.child_nodes:
            # 選択規則に沿った子ノードの選択
            node = self._select_next_node(
                node.child_nodes)

            # 選択子ノード・探索ステップの評価
            next_state, reward, done, _ =\
                self.env.step(node.action)
            weighted_reward += self.gamma**n_depth * \
                reward[0]
```

```python
        n_depth += 1
        state = next_state
        actions.append(node.action)

    # 既存探索木の子ノード展開
    if not done[0]:
        # 各行動の確率算出
        action_probs = self.agent.predict_policy(
            sess, [state])
        # 各行動に対応する子ノードの生成
        node.child_nodes = [
            Node(node, act, act_prob)
            for act, act_prob in zip(
                self.act_list,
                action_probs[0])
        ]

    # 探索経路全体の評価
    if not done[0]:
        # utilize state value
        if 1:
            # 終端ノードの評価
            _v_s = self.agent.predict_value(
                sess, [state])
            weighted_reward +=\
                self.gamma**n_depth * \
                _v_s[0][0]

            # 解けてない場合の罰則報酬
            _penalty = self.unsolved_penalty
            weighted_reward += _penalty

        (…略…)

    # 最終経路評価の経過ノードへの反映
    while node:
        node.n += 1
        node.v += weighted_reward
        node = node.parent_node
```

```python
            # 最良経路の更新
            if best_reward < weighted_reward:
                best_reward = weighted_reward
                best_solved = done[0]
                best_actions = actions

            # 経路探索の終了条件
            n_run += 1
            if done[0]:
                n_done += 1
            duration = time.time() - start_time
            if n_run >= self.max_runs or duration >= ➡
self.time_limit:
                break

        (…略…)

        return best_reward, best_solved, best_states, ➡
best_actions

        (…略…)

# Nodeクラスの定義
class Node(object):

    def __init__(self, parent, action, prob):
        # 親ノードの登録
        self.parent_node = parent
        # 到達行動の登録
        self.action = action

        # 到達行動の選択確率の登録
        self.p = prob
        # ノードの状態価値
        self.v = 0.0
        # ノードの訪問回数
        self.n = 0

        # 展開子ノード
        self.child_nodes = []
```

6.3.3 実行結果

ここまで紹介したアルゴリズムに基づいて、2×2×2のルービックキューブの学習を進めた結果、図6.15のような結果が得られました。今回は各アルゴリズム紹介と基本傾向の把握を主としているため、学習は簡易的に行っています。

● ACアルゴリズムによる学習/推定結果

まず、ACアルゴリズムによる方策/価値ネットワークの学習を行いました。簡単のため、学習はローカルラップトップで1時間程度で終了するepisode数で行いました。図6.15左に平均損失（青）と平均報酬（赤）の推移を示しています（本書は2色刷りのためグレーで表示しています）。ランダムな方策からスタートし、確かにepisodeの進行によって期待報酬が向上しているのが確認できます。また、今回は、episodeごとでのネットワーク更新（バッチサイズ15（ステップ）程度）を行っていますが、価値ネットワーク（ベースライン）の導入によって、ある程度バリアンスが抑えられた学習が行えていることもわかります。

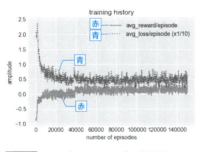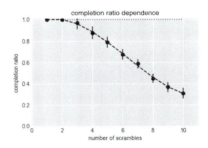

図6.15 ルービックキューブの学習結果

学習された方策ネットワークを用いて、別のテストデータに対して、どの程度ルービックキューブが確かに解かれ得るかをプロットしたものが図6.15右になります。今回は学習された方策ネットワークのみを用い、各状態に対して方策ネットワークの出力確率に基づき、次の行動を選択して状態を推移させています。横軸は解状態からランダムに回転操作した回数で、縦軸はそのうち実際に解けた割合を表しています。学習プロットからわかる通り、1, 2回の操作に対してはよく解を導けているものの、6, 7回辺りからは5割程度しか解けていないのがわかります（ランダム方策では、およそ$(1/6)^n = (0.17)^n$になることにも留意してください）。

実際の遷移サンプルを示したものが図6.16になります。右向きの遷移がランダ

ムに回転操作を行った際の記録で、左向きの遷移が方策ネットワークによって選択された回転操作です。また各状態には、価値ネットワークが与える状態価値の値も記載しています。

操作回数：2回、成功率：536/536

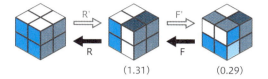

操作回数：4回、成功率：496/518

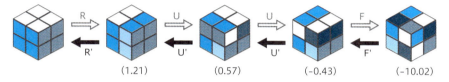

図6.16 ACアルゴリズムによる学習／推定結果

● 解けている例

以下、簡単のためすべてコマンドラインにて表現していきます。

[実行結果]

```
操作回数：2回、成功率：536/536
 G | --[R']--> --[F']--> | S
 G | <--[R]-- (1.31) <--[F]-- (0.29) | S

操作回数：4回、成功率：496/518
 G | --[R]--> --[U]--> --[U]--> --[F]--> | S
 G | <--[R']-- (1.21) <--[U']-- (0.57) <--[U']-- (-0.43) ➡
<--[F']-- (-10.02) | S

操作回数：6回、成功率：342/486
 G | --[F]--> --[F]--> --[F']--> --[U']--> --[U']--> --[F']--> | S
 G | <--[F']-- (1.13) <--[U]-- (2.01) <--[U]-- (-1.22) ➡
<--[F]-- (-12.02) | S

操作回数：8回、成功率：248/498
 G | --[R']--> --[U]--> --[U]--> --[F']--> --[U]--> --[R']--> ➡
--[F']--> --[F]--> | S
```

```
G | <--[R]-- (1.31) <--[U']-- (0.20) <--[U']-- (-0.06) ➡
<--[F]-- (-10.18) <--[U]-- (-12.67) <--[U]-- (-11.84) ➡
<--[U]-- (-17.50) <--[R]-- (-16.78) | S
```

　多回転操作で解けているものは、(F' → F) のような冗長な操作が含まれ、実質少ない操作で解けるものが多く含まれていました。また、選択操作についても U ← U ← U (=U') など冗長な表現も含まれがちです。

● 解けていない例

[実行結果]

```
操作回数：4回、成功率：22/518
 G | --[R]--> --[F']--> --[U']--> --[R']--> | S
 * <--[R]-- (-8.44) <--[R]-- (-10.68) <--[U']-- (-3.49) ➡
<--[U]-- (-10.68) <--[R']-- (-8.44) <--[R]-- (-10.68) ➡
<--[F]-- (-10.60) <--[U]-- (-12.93) <--[F']-- (-10.13) ➡
<--[F]-- (-12.93) <--[F]-- (-11.18) <--[R]-- (-10.36) ➡
<--[U]-- (-7.00) <--[U]-- (-13.74) <--[U]-- (-7.81) | S

操作回数：6回、成功率：144/486
 G | --[F']--> --[R]--> --[R]--> --[U]--> --[F]--> --[U']--> | S
 * <--[R']-- (-12.14) <--[U]-- (-12.96) <--[U']-- (-12.14) ➡
<--[R]-- (-15.32) <--[R']-- (-12.14) <--[R]-- (-15.32) ➡
<--[F]-- (-15.66) <--[U]-- (-13.88) <--[U]-- (-12.74) ➡
<--[U]-- (-11.92) <--[F]-- (-8.69) <--[F']-- (-11.92) ➡
<--[F']-- (-10.07) <--[U]-- (-11.29) <--[R]-- (-15.29) | S

操作回数：8回、成功率：250/498
 G | --[U]--> --[R]--> --[R]--> --[R]--> --[R']--> --[U]--> --[R]--> ➡
--[U']--> | S
 * <--[R']-- (-9.04) <--[R]-- (-8.03) <--[R']-- (-9.04) ➡
<--[R]-- (-8.03) <--[R']-- (-9.04) <--[R]-- (-8.03) ➡
<--[R']-- (-9.04) <--[R]-- (-8.03) <--[R']-- (-9.04) ➡
<--[U']-- (-10.61) <--[R']-- (-6.85) <--[R]-- (-10.02) ➡
<--[U']-- (-9.74) <--[R]-- (-12.29) <--[U]-- (-11.78) | S
```

　今回の報酬の定義を考慮すれば、状態価値（や方策）が正しく推定されていれば、各状態価値は解から離れるにしたがっておおよそ-1で減少していくことが期待されます。一方、上記の例からは、2、3回の操作を越えると、それら期待される値から大きく乖離した状態価値が各状態に付与されており、それらの状態の価値がネットワークによって（まだ）正しく推定できていないことがわかります。

特に、解けていない例においては、行動操作によって状態価値が上昇しておらず、各状態に対してその価値や適切な方策が正しく推定できていないことが、顕著にうかがえます。一層学習を進め、これらの価値を正しく推定できるようになっていくことを通して、上記解答率曲線が改善していくことが予想されます。

6.3.4 AC + MCTSアルゴリズムによる推定結果

次に、テストデータに対して、ACで学習された方策/価値ネットワークに基づいてMCTSアルゴリズムによるポストプロセス処理を行い、得られた結果が図6.17のプロットになります。

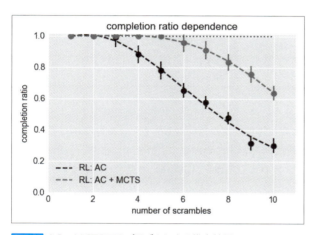

図6.17 AC + MCTSアルゴリズムによる推定結果

解答率の曲線が明らかに大きく向上しているのが見て取れるかと思います。上記と同様にこのときの遷移サンプルを示したものが以下になります。

● 解けている例

[実行結果]
```
操作回数：6回、成功率：504/526
  G | --[F']--> --[R']--> --[U]--> --[R']--> --[R']--> --[U]--> | S
  G | <--[F]-- (0.89) <--[R]-- (0.06) <--[U']-- (-0.29) ➡
<--[R']-- (-11.72) <--[R']-- (-14.34) <--[U']-- (-19.36) | S
```

```
操作回数：7回、成功率：471/515
 G | --[F']--> --[F']--> --[R']--> --[F']--> --[R]--> --[R]--> ➡
--[U']--> | S
 G | <--[F']-- (1.13) <--[F']-- (0.14) <--[R]-- (-1.69) ➡
<--[F]-- (-7.61) <--[R']-- (-10.43) <--[R']-- (-9.58) ➡
<--[U]-- (-12.97) | S

操作回数：8回、成功率：440/527
 G | --[F]--> --[F]--> --[R']--> --[F]--> --[U]--> --[F]--> ➡
--[R]--> --[U']--> | S
 G | <--[F]-- (0.89) <--[U']-- (0.78) <--[R']-- (-0.87) ➡
<--[U]-- (-8.39) <--[F]-- (-12.67) <--[U]-- (-15.65) | S

操作回数：9回、成功率：358/472
 G | --[F]--> --[R']--> --[R]--> --[U']--> --[U']--> --[U']--> ➡
--[R']--> --[R']--> --[F]--> | S
 G | <--[F']-- (1.13) <--[U]-- (-0.04) <--[R']-- (-1.04) ➡
<--[R']-- (-7.84) <--[F']-- (-15.58) | S
```

　状態価値の評価の不十分さに伴って、一時的に状態価値が減少するような操作
も含みながら、長い操作列や冗長な操作列に対しても、より効率的な操作手順
（U'x3をUで対応）を推定できていることが見て取れます。また、8回転操作の
例では、逆順とは異なる、より短い操作列（6操作）を見つけられていることも
わかります。

● 解けていない例

[実行結果]

```
操作回数：7回、成功率：44/515
 G | --[U']--> --[R']--> --[F]--> --[U]--> --[F']--> --[R]--> ➡
--[U']--> | S
 * <--[U']-- (-7.49) <--[F]-- (-12.53) <--[U]-- (-16.16) | S

操作回数：8回、成功率：87/527
 G | --[F']--> --[U]--> --[U]--> --[F']--> --[R]--> --[R]--> ➡
--[F]--> --[F]--> | S
 * <--[F']-- (-7.45) <--[U']-- (-5.17) <--[F']-- (-6.55) ➡
<--[U]-- (-6.71) <--[F']-- (-10.45) <--[U]-- (-14.78) ➡
<--[R]-- (-10.14) <--[F']-- (-19.06) | S
```

```
操作回数：9回、成功率：114/472
 G | --[U']--> --[R]--> --[U']--> --[F']--> --[F']--> --[U]--> ➡
--[U']--> --[U']--> --[U']--> | S
 * <--[F']-- (-4.30) <--[U']-- (-3.19) <--[F]-- (-5.79) ➡
<--[F]-- (-6.82) <--[U']-- (-12.63) <--[R']-- (-12.41) ➡
<--[U']-- (-19.56) | S

操作回数：10回、成功率：179/495
 G | --[U]--> --[F]--> --[R]--> --[R]--> --[F]--> --[R']--> ➡
--[U]--> --[U]--> --[R]--> --[F]--> | S
 * <--[R']-- (-2.27) <--[F]-- (-8.30) <--[U']-- (-5.89) ➡
<--[F]-- (-8.38) <--[U]-- (-15.96) <--[U]-- (-16.01) | S
```

　一方、上記のように解を発見できていない系列もいまだある程度見受けられました。しかしながら、最終状態の状態価値の値を見る限り、ネットワークの改善やハイパーパラメータ調整、探索時間の延長などで改善が見込めるようにうかがえます。

　前述のナイーブな推定の際と同様に、ネットワークによる状態価値の推定はいまだ不十分である状況ですが、今回のように、木探索による適切な活用と探索を行うことによって、微妙な状態価値の差を考慮（活用）したり、ときには価値が悪化する方向に振る（探索）ことによって、期待される解の遷移を効果的に発見し得ることがわかります（結果は活用と探索の重みパラメータ、探索時間などハイパーパラメータにも大きく依存することに留意してください。今回の探索時間に関しては、ネットワークによる解推定0.1［s］に対して、MCTSでは10倍の1.0［s］程度の探索・推定を許すような環境に設定しています）。

　このように、学習された方策が大まかでも、それらをMCTSに活用することである程度の質の解が得られ、性能を大きく改善し得ることがうかがえました。AlphaGo Zero[14]ではこの性質をより積極的に活用し、方策・価値ネットワーク学習のターゲット生成に際してもMCTSを活用し、協力的に学習を進めるアイデアが活用されています（図6.18）。

　これら以上の結果は、上記の参照論文でも同様なことが報告されており、学習方策に基づいてMCTSを用いた解推定を行うことで初めて、推定精度や推定速度の両観点から既存のベストヒューリスティクスを凌駕する性能を発揮することが報告されています。ちなみに、ルービックキューブに関しては、網羅探索によって、God's Numberと呼ばれる、任意シャッフル状態を解くために必要とな

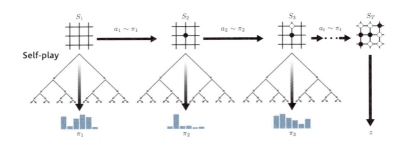

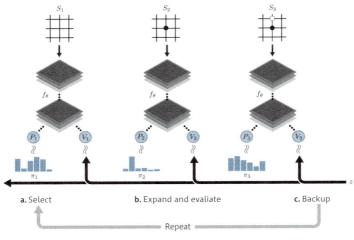

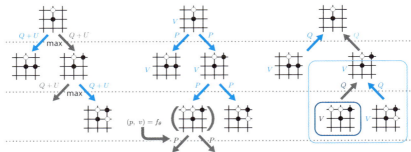

図6.18 AlphaGo Zeroの学習アルゴリズム概要図

出典 「Mastering the game of Go without human knowledge」（David Silver, et al.）のFigure1より引用

る回転操作数の上限値が示されています[※15]。論文でもその観点から、得られた解がヒューリスティクス解に対し、いかによりよい解を与えているかの比較も行われており、大変興味深い結果が示されています。また、学習された解の中によく知られた定石パターンが多く含まれていることも示されており、ご興味のある方は一読いただけると面白いかと思います。

● 教師あり学習による学習/推定結果

最後に、ACによる方策学習の比較対象として、方策ネットワークについて教師あり学習を行った結果を示しておきます。教師としてはランダム回転させた際の各回転を各状態に対する解として保持し、学習を行いました。強化学習と同様、解に近いサンプルの適当な重み付けは必要でしたが、ACと同程度のサンプル数のデータに対して得られた結果は、図6.19 のような曲線でした。

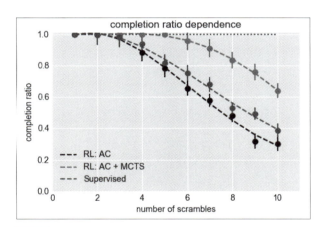

図6.19 教師あり学習による学習/推定結果

予想通り、教師あり学習の強化学習(AC)に対するデータ効率の良さが見て取れます。AlphaGo Zero[※14] の報告でも、教師あり学習の初期学習効率の良さが示されています。実課題適用を考える際に、まず初期アプローチとして(AlphaGo[※12]の例のように)教師あり学習を用いて方策を明示的に学習するのは筋が良さそうです。

一方、最終的には強化学習が教師に依存しない、無駄の少ないよりよい戦略を

※15 ●「God's Number is 26 in the Quarter-Turn Metric」
URL https://cube20.org/qtm/

獲得するようになることが報告されています。今回の課題でも、上記のサンプルで既に一部見られたように、必ずしも回転させる手続きを逆に辿る行動系列が最適とは限らず、より詳細を探ってゆくことで同様の傾向が得られることが十分予想されます。また、今回は教師ありとの比較でしたが、参照論文で用いられたpolicy iterationとのデータ効率の比較も興味深いかと思います。

6.3.5　今後の発展可能性

最後に、今回簡易的に得られた結果をより改善していくためのアプローチとしては、

- ロングランや並列化などにより学習データを増やし、そもそもの方策・価値ネットワークを賢くしていく
- 今回は学習の振る舞いを確認しながらざっくり行ったAC、MCTSのハイパーパラメータの調整
- 学習データの工夫（例：X+X'のような冗長な組合せを除外。実は今回の環境では1/6の確率で逆操作となるため、10回操作すると80%以上は必ず冗長な手続きを含んでしまう）
- AlphaGo Zeroのように学習過程（ターゲット）にMCTSを用いる

などが挙げられ、今後適宜検討していければと考えています。

また、各アルゴリズム要素の紹介でも度々登場しているように、今回の参照論文、S. McAleer, F. Agostinelli, A. Shmakov, P. Baldi, "Solving the Rubik's Cube Without Human Knowledge" URL https://arxiv.org/abs/1805.07470）もAlphaGo[12][14]のアプローチに大きく影響を受けており、各構成要素は基本的には同様なものとなっています。

今回紹介したアルゴリズムを、非同期化するなど適宜拡張・効率化していただくことで、より複雑な対戦ボードゲームやハイパーパラメータチューニングのような、多様な行動選択を重ねて最適解を目指す課題に対しても、効率的に課題を解くアプローチとして検討できるのではないかと思います。実際、2018年12月のAlphaZero最新版のリリース[16]においても（ 図6.20 ）、広く様々なボードゲー

※16 ● 「AlphaZero: Shedding new light on the grand games of chess, shogi and Go」
　　URL https://deepmind.com/blog/alphazero-shedding-new-light-grand-games-chess-shogi-and-go/

ムに対して、強化学習による方策/状態価値の学習によって探索が桁違いに効率化されたことが強調されています。

図6.20 最新のAlphaZeroのリリースより

　そのような発展可能性の意味でも、ルービックキューブの課題はよい基礎を与える課題と感じ、今回取り組みをご紹介しました。

　これら強化学習アルゴリズムや探索アルゴリズムは、より効率的な手法の模索が現在も精力的に続けられており[17]、また開発コミュニティの活発な貢献によって、実装の敷居も大きく下がってきています[18]。今後もそれらの掛け算でよりよい求解アルゴリズムが提案、実装されていくと思われます。引き続きこれらの発展を注意深く見守っていくとともに、その実務応用可能性を模索していきたいと考えています。

---

[17]　『Learning Navigation Behaviors End-to-End with AutoRL』
　　（Hao-Tien Lewis Chiang, Aleksandra Faust, Marek Fiser, Anthony Francis）
　　URL https://arxiv.org/abs/1809.10124

[18]　以下の論文やgithubを参照してください。
- 『TF-Replicator: Distributed Machine Learning for Researchers』
　（Peter Buchlovsky, David Budden, Dominik Grewe, Chris Jones, John Aslanides, Frederic Besse, Andy Brock, Aidan Clark, Sergio Gómez Colmenarejo, Aedan Pope, Fabio Viola, Dan Belov）
　URL https://arxiv.org/abs/1902.00465
- 「TF-Agents: A library for Reinforcement Learning in TensorFlow」
　URL https://github.com/tensorflow/agents

Part 1_基礎編　　Part 2_応用編

6.4 まとめ

本章のまとめです。

　今回は組合せ最適化問題を、機械学習、特に強化学習で解くアプローチを、巡回セールスマン問題とルービックキューブ問題を通してご紹介しました。ともに簡易的に試行したのみではありますが、長く研究されてきている組合せ最適化に対しても、機械学習によるアプローチが検討され得ることをご理解いただければ幸いです。この例のように、機械学習によって、既存のドメイン知識をデータに基づいて再構築し直したり、互いに補うことでより有効なビジネス活用を模索するケースは今後も益々増えてくるのではないかと思います。

CHAPTER 7 系列データ生成への応用

本章では、系列データの生成を方策ベースの手法でアプローチする例を2つ紹介します。

まず1つ目の例は Sequence GAN（SeqGAN）というモデルによる文章生成です。連続データを扱う Generative Adversarial Networks（GAN）と呼ばれる生成モデルがあります。この GAN の特徴は、画像などを生成するモデルとその生成結果を評価するモデルが敵対的に学習しながら、生成モデルの性能を向上させることです。生成モデルとして言語生成で使われる再帰型ニューラルネットワークを適用することにより、文章や楽曲などの離散的な系列データを GAN で生成できるようにしたモデルを SeqGAN と呼びます。

2つ目の例として ENAS と呼ばれる手法を紹介します。これは、深層ニューラルネットワークの層の並びを系列データと捉えて、その最適な並び順を方策ベースの強化学習により探索する手法です。方策のモデル化には、言語モデルで定評のある LSTM による再帰型ニューラルネットワークを用います。最適化対象のニューラルネットワークとしては、セマンティックセグメンテーションで使用する畳み込みニューラルネットワークを取り上げます。

SeqGANによる文章生成

この節では再帰型ニューラルネットワークの手法を適用したGANであるSeqGANについて紹介します。

7.1.1 GAN

この節では、まずGANの枠組みについて簡単に説明をします。

GANは2014年にIan Goodfellowらによって考案されました[※1]。この枠組みにより 図7.1 のような画像の生成が可能になりました。

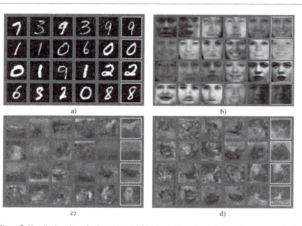

図7.1 GAN

出典 『Generative Adversarial Networks』
(Ian J. Goodfellow, Jean Pouget-Abadie, Mehdi Mirza, Bing Xu, David Warde-Farley, Sherjil Ozair, Aaron Courville, Yoshua Bengio, 2014), Figure 2より引用

※1 ● 『Generative Adversarial Networks』
(Ian J. Goodfellow, Jean Pouget-Abadie, Mehdi Mirza, Bing Xu, David Warde-Farley, Sherjil Ozair, Aaron Courville, Yoshua Bengio, 2014)
URL https://arxiv.org/abs/1406.2661

GANの枠組みでは**生成器**と**識別器**と呼ばれる2つのモデルがあります。生成器はデータを生成します。一方で識別器はデータがオリジナル由来か生成器由来かを学習し識別します。これらのモデルが対抗を繰り返しながら学習していきます。この学習のことをAdversarial Learningといい、日本語では「敵対的学習」と呼びます。一般にGANの目的は学習を通じて、識別器が正誤識別できないデータを生成する生成器を得ることです。以下の 図7.2 はGANの枠組みのイメージです。

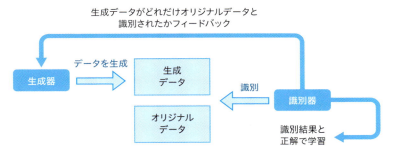

図7.2 GANのイメージ図

この枠組みは**偽造紙幣の事件**の例を用いて説明されていますので、ここでもその例を紹介します。

生成器は紙幣の偽造チームで、**識別器**は警察です。偽造チームは本物の紙幣を観察し、よく似た偽造紙幣を作成します。警察は本物の紙幣と偽造紙幣を見分けようとします。偽造チームと警察との駆け引きを通じて互いに技術が上がり、最終的には偽造チームの作る偽造紙幣は本物の紙幣とは見分けがつかなくなることが期待されます。

画像データの生成に関して、GANの学習法は非常によい成功を収めています。しかしながら、文章データのような離散的な系列データを生成する生成器の学習に応用させるには大きな2つの問題点がありました。

まず1つ目は、従来のGANの応用範囲は連続的なデータの生成に限られているという点です。例えば画像のピクセルデータについて考えてみます。画像のピクセルデータはピクセル値の集まりによって表されます。この場合、ピクセル値1.0を取るデータを生成していたものに対して更新を反映させることで、次のステップでピクセル値を1.0001に少しだけ変化させることができます。一方で、文章データのような離散的なデータの集まりを出力する場合では、画像のピクセルデータのときとは事情が異なり、更新によって単語や文字を0.0001だけ変化させるということができません。

2つ目は、従来のGANの識別器は生成されたデータ全体に対してのみ損失関数を与えるという点です。つまり、識別器は完成された系列データに対する識別評価だけをすることになります。しかしながら、系列データはデータの順番に意味を持つため、途中まで生成された中間状態のデータに対する評価も必要です。

　この困難に対する解決法を提案したのがLantao Yu達です[2]。系列データに応用すべく改良されたGANの手法はSeqGANと呼ばれています。このSeqGANがどのようにこれらの困難を解決するかについて、以下で簡単に説明します。

7.1.2　SeqGAN

　従来のGANを離散的な系列データに応用するときに直面する困難として以下の2つが挙げられます。

1. 離散的なデータの場合、直接的に更新を行うのが難しい
2. 系列データを中間状態で評価できない

　これらの困難それぞれに対する解決策が以下のように提案されました。

　1つ目の困難は生成器の学習に強化学習の枠組みを適用することで克服します。つまり、連続値を取る方策パラメータθによって特徴付けられる方策π_θを持つモデルとして、生成器を扱うのです。これによって、生成器の学習は方策パラメータθを更新することで実現します。扱うデータが文章データの場合、これは文章を生成していくときに、どの単語もしくは文字を選ぶかという選択確率を更新していくことになります。更新のイメージは次の 図7.3 の通りです。

※2　●『SeqGAN: Sequence Generative Adversarial Nets with Policy Gradient』
　　　（Lantao Yu, Weinan Zhang, Jun Wang, Yong Yu、2016）
　　　URL　https://arxiv.org/abs/1609.05473

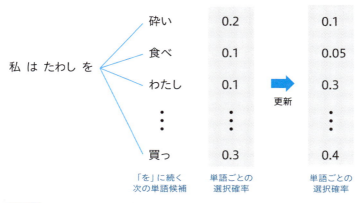

図7.3 方策更新のイメージ図

　2つ目の困難には「モンテカルロ探索」と呼ばれる手法を用いて系列データの中間状態を評価することで克服します。モンテカルロ探索とは、途中まで生成された中間状態の系列データからRolloutの方策π_βにしたがって擬似的に複数の系列データを完成させる手続きのことです。

　ここで、Rolloutの方策π_βは、一般には生成器を定義する方策π_θとは異なるものとして用意します。モンテカルロ探索のイメージは **図7.4** のように表されます。モンテカルロ探索によって出力された全体の系列データを識別器に評価させることで、強化学習の報酬とします。さらにモンテカルロ探索の手法により、中間状態における局所的な行動選択の整合性と、行動選択の長期的な評価が与えられ、それらを用いて行動選択を更新することができるようになります。

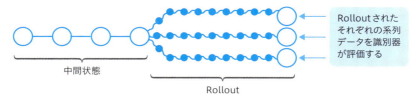

図7.4 中間状態から擬似的に複数Rolloutすることでモンテカルロ探索を行う

　方策ベースの強化学習とモンテカルロ探索の手続きを組合わせることによって、離散的な系列データを生成する生成器のGANの学習を可能にしました。

　生成器を強化学習の枠組みで学習させるため、SeqGANは**第1部**の **図2.1** で表される構成を持ちます。定式化を含めた詳しい内容は後ほど紹介します。

　最後にSeqGAN全体の構造を以下の **図7.5** に表します。これは後ほど説明す

るSeqGAN実行スクリプト**main.py**の全体像になります[※3]。

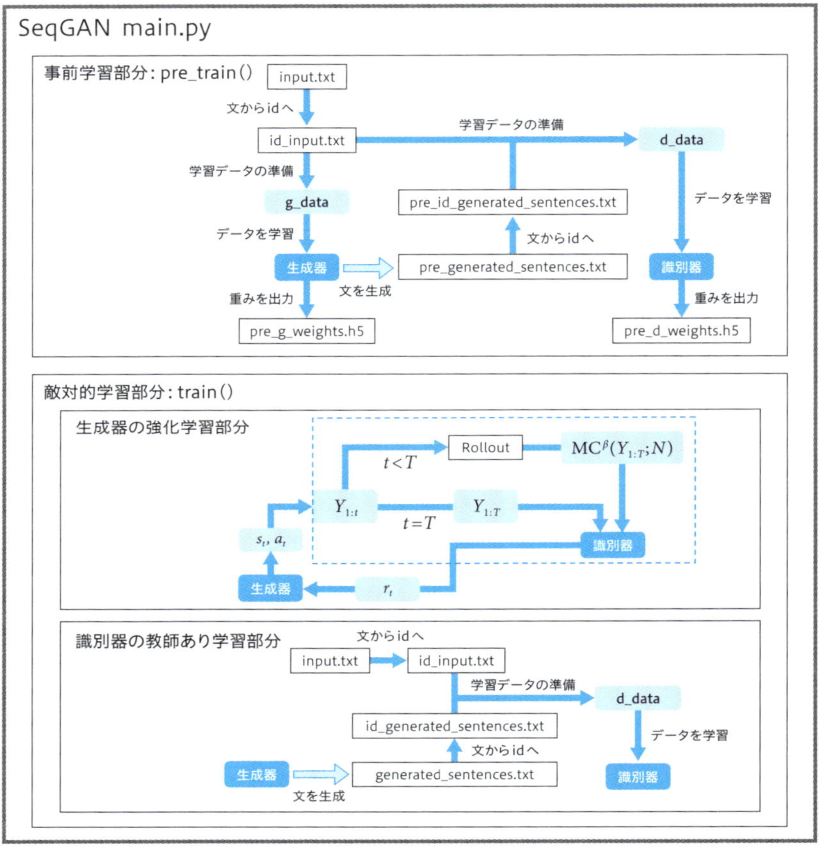

図7.5 SeqGANの全体像

本章では離散的な系列データである文章データを入力データとします。

7.1.3　入力データ

学習に用いる入力データとして、形態素に分けられた文章が1文ごとに改行されたテキストデータを用意します。ここで、形態素とは文を品詞単位に分割したものを言います。今回は、入力データのサンプルとして夏目漱石の作品「こころ」を用意しました（ MEMO 7.1 を参照）。

※3　ここでは URL https://github.com/tyo-yo/SeqGANの実装コードを参考にしています。

> **MEMO 7.1**
>
> ### サンプルについて
>
> 「青空文庫」（https://www.aozora.gr.jp/）よりサンプル用のデータを取得して加工したものを用意しています。

テキストデータを読み込むときに形態素とidの対応表となる辞書を作成します。その辞書を用いて文章を形態素からidへ変換すると学習で扱いやすい形のデータになります。形態素からidに変換するときや、その逆にidから形態素に変換するときに辞書を用いて変換します。また、文の始めや終わりを表すBOS（begin of sentence、文の始まり）やEOS（end of sentence、文の終わり）などは、予めデフォルトの辞書に格納しておきます。デフォルトの辞書にある形態素とidの対応は 表7.1 のようになります。

表7.1 形態素とidの対応

形態素	id	意味
< PAD >	0	余白
< S >	1	文の始まり
< /S >	2	文の終わり
< UNK >	3	辞書にない形態素

今回用いるニューラルネットワークでは固定長のデータを入力データとして用います。したがって、1つの文が固定長に満たない場合、Paddingという操作をします。これは、1文の長さが固定長になるまで余白を用いて文を補填する操作になります。

図7.6 は作成された辞書にしたがって日本語の文の対応関係の様子を表しています。

文（形態素）

\<S\> 私　は　たわし　を　わたし　た　。\</S\> \<PAD\> \<PAD\>

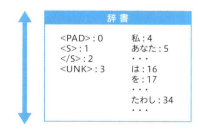

文章（id）

1　4　16　34　17　53　109　10　2　0　0

図7.6 形態素とidの対応の様子

実際に作品「こころ」（ **リスト7.1** ）をidに変換すると **リスト7.2** のようになります。

リスト7.1 もとの文章を形態素に分けたテキストデータ

私 は その 人 を 常に 先生 と 呼ん で い た 。
だから ここ でも ただ 先生 と 書く だけ で 本名 は 打ち明け ない 。
これ は 世間 を 憚 かる 遠慮 と いう より も 、 その 方 が 私に ➡
とって 自然 だ から で ある 。
私 は その 人 の 記憶 を 呼び 起す ごと に 、すぐ 「 先生 」と いい ➡
たく なる 。
筆 を 執っ て も 心持 は 同じ 事 で ある 。
よそよそしい 頭文字 など は とても 使う 気 に なら ない 。
私 が 先生 と 知り合い に なっ た の は 鎌倉 で ある 。

リスト7.2 idに変換したときのテキストデータ

```
12 7 25 40 11 665 28 14 502 15 21 5 6
248 253 81 95 28 14 821 69 15 4600 7 446 20 6
131 7 318 11 2328 2976 690 14 82 75 16 9 25 64 13 12 ➡
470 293 29 22 15 53 6
12 7 25 40 4 275 11 1097 3135 1567 8 9 110 23 28 26 14 ➡
84 295 93 6
643 11 3184 10 16 180 7 108 31 15 53 6
4738 6544 187 7 1069 1039 80 8 73 20 6
12 13 28 14 1106 8 55 5 4 7 952 15 53 6
```

　固定長に揃えるため、idに変換したときのテキストデータにPaddingの操作をして加工したデータを学習に用います。今回は固定長を25に指定し、学習に用いる文章も形態素数25以下のものにしています。これにより、一文で完結するような文章が生成されることを期待します。

7.1.4　使用するアルゴリズムとその実装

　ここではSeqGANの全体のディレクトリ構造を紹介し、アルゴリズムの構成とその実装について説明します。

● ディレクトリ構造

全体のディレクトリ構成とその役割は 図7.7 の通りになります。

```
7-1_seqgan
    |- main.py
    |    - アルゴリズムに則って実行するためのファイル
    |- datagenerator.py
    |    - 文章を前処理するためのクラスが格納されているファイル
    |- agent.py
    |    - 生成器のネットワークやメソッドが格納されているファイル
    |- environment.py
    |    - 識別器のネットワークやメソッドが格納されているファイル
    └ data
        |- input.txt
        |    - オリジナルの文章データ
        |- id_input.txt
        |    - オリジナルの文章データをid列に変換したもの ※
        |- pre_generated_sentences.txt
        |    - 事前学習した生成器が生成した文章データ ※
        |- pre_id_generated_sentences.txt
        |    - 事前学習した生成器が生成した文章idデータ ※
        |- generated_sentences.txt
        |    - 強化学習した生成器が生成した文章データ ※
        |- id_generated_sentences.txt
        |    - 強化学習した生成器が生成した文章idデータ ※
        └ save
            |- pre_d_weights.h5
            |    - 事前学習した識別器の重みパラメータ ※
            |- pre_g_weights.h5
            |    - 事前学習した生成器の重みパラメータ ※
            |- episode_n_generated_sentences.txt
            |    - nエピソード時の生成器が生成した文章データ ※
            └ episode_n_id_generated_sentences.txt
                 - nエピソード時の生成器が生成した文章idデータ ※
※が付いているファイルはmain.py実行時に作成されます。
```

図7.7 全体のディレクトリ構成とその役割

SeqGANのコードを実行するにはディレクトリ**SeqGAN**に移動し、コードセルに以下のようにコマンドを入力します。

[コードセル]

```
!python3 main.py
```

このコマンドによって、どのようなアルゴリズムで実行されていくのかを見ていきましょう。実行ファイル main.py の部分は**事前学習部分**と**敵対的学習部分**の2つに分かれています。以下でそれぞれの部分について説明します。

● 事前学習部分

まず、事前学習部分について説明していきます。生成器がどのようなデータを生成すればよいかを予めある程度学習させるために、SeqGAN では事前学習を行います。GAN の学習において事前学習は必須ではありません。しかし、先程の例で挙げた偽造紙幣のケースで考えてみても、どのような紙幣を偽造するべきなのかを予め知っておくことで、効率的に偽造することができます。事前学習の部分では、生成器と識別器は教師あり学習を行います。

事前学習部分で行われる過程を図で表すと 図7.8 のようになります。

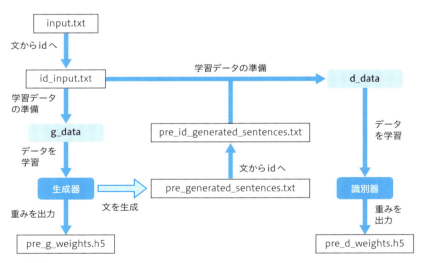

図7.8 事前学習部分の構造図

事前学習部分で行われる過程は以下のようになります。

1. オリジナルの文章（`input.txt`）から辞書を作成し、idに変換したデータ（`id_input.txt`）を作成する
2. 生成器と識別器を構成する
3. 文章idデータ（`id_input.txt`）から生成器の事前学習用のデータ（g_data）を作成する
4. 生成器に事前学習させ、同時に生成器が事前学習を終了したときの重みパラメータを保存する（`pre_g_weights.h5`）
5. 生成器に文章（`pre_generated_sentences.txt`）を生成させる
6. 辞書を用いて文章idデータ（`pre_id_generated_sentences.txt`）に変換する
7. 生成器から生成された文章idデータとオリジナルの文章idデータから識別器の学習データ（d_data）を作成する
8. 識別器に事前学習をさせ、同時に識別器が事前学習を終了したときの重みパラメータを保存しておく（`pre_d_weights.h5`）

　上で記した過程のうち1、2は`main.py`の始めでVocabクラス・Agentクラス・Environmentクラスをそれぞれインスタンス化することで実行しています。したがって、Agentクラスのオブジェクト（agent）を通じて生成器のメソッドやインスタンス変数を呼び出すことができます。同様にEnvironmentクラスのオブジェクト（env）を通じて識別器のメソッドやインスタンス変数を呼び出すことができます。また`main.py`の始めではtesterを構成しています。これは強化学習していく過程の生成器の性能を、事前学習が終了した段階の識別器が評価するために用意しているものです。

　残りの3から8の過程は`main.py`における`pre_train()`部分で リスト7.3 のように実装されます。

リスト7.3 `main.py`の`pre_train()`部分

```python
def pre_train():
    g_data = DataForGenerator(
        id_input_data,
        batch_size,
        T,
        vocab
    )
    agent.pre_train(
        g_data,
```

```
        g_pre_episodes,
        g_pre_weight,
        g_pre_lr
    )
    agent.generate_id_samples(
        agent.generator,
        T,
        sampling_num,
        pre_id_output_data
    )
    vocab.write_id2word(pre_id_output_data,
                        pre_output_data)
    d_data = DataForDiscriminator(
        id_input_data,
        pre_id_output_data,
        batch_size,
        T,
        vocab
    )
    env.pre_train(d_data, d_pre_episodes, d_pre_weight,
                  d_pre_lr)
```

　上記過程の3から8は、`pre_train()`内の各ブロックにそれぞれ対応しています。また、以下の 表7.2 で`pre_train()`の引数についてまとめました。これらの引数は`main.py`の上部で定数として定義されています。

表7.2 `pre_train()`の引数の説明

引数名	説明
id_input_data	入力データをidに変換したデータファイルのpath
T	生成される文章の最大の長さ（形態素の個数）
g_pre_episodes	生成器の事前学習のエピソード数
g_pre_weight	生成器の事前学習終了時の重みパラメータを保存するファイルのpath
g_pre_lr	生成器の事前学習時の学習率
sampling_num	生成器が生成する文章の行数
pre_id_output_data	事前学習済みの生成器が生成した文章idデータのファイルpath
pre_output_data	事前学習済みの生成器が生成した文章データのファイルpath

（続き）

引数名	説明
d_pre_episodes	識別器の事前学習のエピソード数
d_pre_weight	識別器の事前学習終了時の重みパラメータを保存するファイルのpath
d_pre_lr	識別器の事前学習時の学習率

　ディレクトリ構造の図においても説明したように、この`pre_train()`部分では、出力されるファイルが4つあります。生成器と識別器の事前学習終了時の重みパラメータを保存したファイル（`pre_g_weights.h5`、`pre_d_weights.h5`）がそれぞれ1つずつ、事前学習した生成器によって生成される文章データのファイル（`pre_generated_sentences.txt`）が1つ、その文章データをidに変換したデータファイル（`pre_id_generated_sentences.txt`）が1つ出力されます。文章データはテキスト形式で生成されているため、その結果を簡単に確認することができます。

　これで事前学習部分は完了です。次に、敵対的学習部分について見ていきます。

● 敵対的学習部分

　ここでは敵対的学習部分として`main.py`の中の`train()`の部分について説明します。SeqGANでは、従来のGANの生成器に強化学習の枠組みを適用します。一方で、識別器は教師あり学習を行います。まず、生成器の強化学習について説明します。

　生成器は学習を通じて識別器が正誤識別できないような系列データ$Y_{1:T} = (Y_1, Y_2, \cdots, Y_T)$を生成するようになります。ここで、生成器は方策パラメータθで記述された方策π_θで表され、エージェントとして振る舞います。一方、識別器は環境として振る舞い、報酬を生成器に返します。状態・行動・報酬といった強化学習の枠組みで必要な諸量を以下で定義していきましょう。

　生成器の強化学習は方策パラメータθを更新することで行われます。方策パラメータθは1エピソードごとに更新されます。このステップごとに状態・行動・報酬を定めることができます。今、tステップでの状態をS_t、行動をA_t、報酬をR_tと表すことにします。まず、状態S_tは途中まで生成された系列データの中間状態で、

$$S_t = \begin{cases} Y_0, & t = 1 \\ Y_{1:t-1} = (Y_1, \cdots, Y_{t-1}), & t > 1 \end{cases}$$

式7.1

を表します。ここで、Y_0 は前節「入力データ」で紹介したBOSです。行動 A_t は確率的方策関数 $\pi_\theta(A_t|S_t)$ にしたがって決定され、次に来る形態素 Y_t を選びます。つまり、

$$A_t = Y_t \qquad \text{式7.2}$$

となります。これにより、次の状態は、

$$S_{t+1} = Y_{1:t} = (Y_1, \cdots, Y_t) \qquad \text{式7.3}$$

と決定します。これは次の状態が状態遷移確率、

$$P(s'|s,a) = \begin{cases} 1, & s' = (s,a) \\ 0, & \text{otherwise} \end{cases} \qquad \text{式7.4}$$

にしたがって決定していることを表しています。

　報酬 R_{t+1} は系列データに対する識別器の評価によって与えられます。ここで、識別器は固定長 T を持った完成された系列データだけを評価します。ところが、私たちの目的は系列データの中間状態における直前の形態素 Y_{t-1} との整合性だけでなく、その形態素 Y_t を選ぶことの将来性を評価して、方策の更新を行うことです。そのために、モンテカルロ探索と呼ばれる手法を用いて系列データの中間状態を評価します。モンテカルロ探索で行われていることを具体的に見てみましょう。

　今、t ステップであるとします。このとき、状態は、

$$S_t = (Y_1, \cdots, Y_{t-1}) \qquad \text{式7.5}$$

で表されます。この状態から先述の通り、方策にしたがって行動 $A_t = Y_t$ が選択されて次の状態、

$$S_{t+1} = Y_{1:t} = (Y_1, \cdots, Y_t) \qquad \text{式7.6}$$

と変わります。このとき状態 S_{t+1} の要素数が T となっている場合、完成された系列データとなっているので、そのまま識別器に評価してもらうことができます。その他の場合は完成された系列データとなっていません。

　そこで、ある方策 π_β にしたがって残りの部分を擬似的に生成し、系列データを完成させます。これをRolloutと呼び、この際にしたがった方策 π_β をRolloutの

方策と呼ぶことにします。Rolloutの方策は、完全にランダムとすると行動選択の将来性を正しく評価することができません。そこで今回は生成器の方策をもってしてRolloutの方策としています。モンテカルロ探索では状態S_{t+1}から始めて、何パターンも枝分かれしてRolloutします。これによって得られた完成された系列データの集合を、

$$\mathrm{MC}^{\beta}(Y_{1:t}; N) = \{Y_{1:T}^1, \cdots, Y_{1:T}^N\}$$

式7.7

と表すことにします。ここで、整数NはRolloutの枝分かれの数です。例えば、Rolloutによって完成された系列データの集合のn番目の要素は、

$$Y_{1:T}^n = Y_{1:t} + Y_{t+1:T}^n$$

式7.8

と表されます。識別器が系列データ$Y_{1:T}$を評価し、その系列データがオリジナルのデータからきた確率を返します。それを$D_\phi(Y_{1:T})$と表すと、tステップの行動に対するフィードバックとして得られる報酬R_{t+1}は、次のような場合分けの式によって表すことができます。

$$R_{t+1} = \begin{cases} \dfrac{1}{N} \displaystyle\sum_n D_\phi(Y_{1:T}^n) & t < T \\[2em] D_\phi(Y_{1:T}) & t = T \end{cases}$$

式7.9

　つまり系列データが中間状態となるステップのときは、N回Rolloutして得られる系列データに対する識別器の評価平均が報酬となります。系列データが完成するステップのときは、その系列データに対する識別器の評価がそのまま報酬となります。

　1ステップ中に行われる状態・行動・報酬の受け渡しの様子は 図7.9 のようになります。

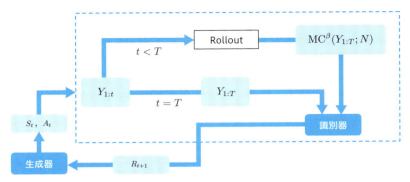

図7.9 生成器の強化学習部分の構造図

このステップをTステップ繰り返したものが1エピソードです。つまり、1エピソードで生成器は固定長まで系列データを生成します。

Rolloutの部分と識別器からの返り値が報酬R_{t+1}だけであること以外、その構造は、強化学習の枠組みを表した **図2.1** と同じです。枠線で囲われた部分を環境と捉えるとそのことがわかりやすいと思います。

生成器の強化学習部分で行われる過程は以下のようになります。

1. 状態S_tを持った生成器が方策π_θにしたがって行動A_tを選択する
2. 場合分けの条件にしたがって状態と行動に基づきRolloutを行う
3. Rolloutした結果に対して識別器が報酬R_{t+1}を生成器に返す
4. 以上を1ステップごとに行い、Tステップになるまで繰り返す

生成器の方策π_θの更新は複数エピソードを経てから行います。

生成器の方策パラメータθに関する目的関数の微分は、方策勾配定理（**2.4節**定理2.3）により次のように与えられていることが知られています。

$$\nabla_\theta J(\theta) = \mathbb{E}_\pi [\nabla_\theta \log \pi_\theta(A_t|S_t) \cdot R_{t+1}] \quad \text{式7.10}$$

これを用いて方策パラメータの更新式は、

$$\theta \leftarrow \theta + \alpha \nabla_\theta J(\theta) \quad \text{式7.11}$$

と表されます。ここで、αは学習率です。複数エピソードごとに生成器の方策π_θを更新し、複数エピソードごとに生成器の方策π_θをRolloutの方策π_βに反映させます。

次に、識別器の教師あり学習について説明します。`train()`部分での教師あり学習も、基本的に事前学習で行っていることと同じことをしています。識別器の教師あり学習部分で行われていることを図で表すと 図7.10 のようになります。

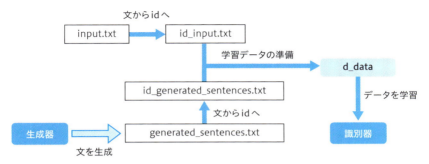

図7.10 識別器の教師あり学習部分の構造図

識別器の教師あり学習部分で行われる過程は以下のようになります。

1. 強化学習した生成器が生成した文章とオリジナルの文章から識別器の学習用データ（d_data）を作成する
2. 学習用データ（d_data）を用いて識別器の学習を行う

`main.py`における`train()`部分は リスト7.4 のようになります。

リスト7.4 `main.py`における`train()`部分

```
def train():
    agent.initialize(g_pre_weight)
    env.initialize(d_pre_weight)
    for adversarial_num in range(adversarial_nums):
        for _ in range(g_train_nums):
            g_train()

        for _ in range(d_train_nums):
            d_train()

        if adversarial_num % frequency == 0:
            sentences_history(
                adversarial_num,
                agent,
                T,
```

```
        vocab,
        sampling_num
)
```

　`main.py`における`train()`の始めのブロックで生成器とRollout、識別器を初期化しています。このとき、生成器とRolloutは事前学習が済んだ生成器の重みパラメータを引き継ぎます。また、識別器も事前学習が済んだ識別器の重みパラメータを引き継ぎます。

　次のブロックの始めの`adversarial_nums`に関する`for`文では敵対的学習部分のエピソードを繰り返します。その中の`g_train_nums`に関する`for`文では生成器の強化学習部分で行われる過程を繰り返します。その次の`d_train_nums`に関する`for`文では識別器の教師あり学習部分で行われる過程を繰り返します。敵対的学習の最後で、生成器とRolloutの方策を一致させています。さらに、`sentences_histrory()`で`main.py`の始めのほうで指定した`frequency`ごとに強化学習中の生成器が文章データを生成し`adversarial_n_id_generated_sentences.txt`や、`adversarial_n_generated_sentences.txt`と名前を付けて保存します。

　以下の 表7.3 で`train()`の引数で新出なものについてまとめました。

表7.3 `train()`の引数

引数名	説明
`adversarial_nums`	敵対的学習のループ回数
`g_train_nums`	生成器の強化学習のループ回数
`d_train_nums`	識別器の学習のループ回数
`frequency`	生成器の生成する文章を保存する頻度を設定するパラメータ

7.1.5　実施結果

　一般にGANの学習がうまく行われているかどうかを判断することは難しいです。生成器と識別器の強さのバランスを取ることが難しいからです。再び、偽造紙幣の例に戻りたとえると、偽造紙幣が警察を騙せたとしても、それが偽造紙幣が精緻だったからなのか、警察の見分けが不十分だったからなのかが、報酬だけ見るとわからない場合があるからです。したがって実際に生成されている文章を確認することも重要となります。今回は事前学習済みの生成器が生成したセンテンス

（ リスト7.5 ）と強化学習済みの生成器が生成したセンテンス（ リスト7.6 ）を見てみましょう。2つを比べて見ると事前学習済みの生成器が生成したセンテンスには文法が不自然なセンテンスが多く見受けられますが、強化学習済みの生成器が生成したセンテンスには文法的には正しいセンテンスが多く見受けられます。

リスト7.5 事前学習済みの生成器が生成したセンテンス

親類 は 注意 し た 。 </S> <PAD> <PAD> <PAD> <PAD> <PAD> ➡
<PAD> <PAD> <PAD> <PAD> <PAD> <PAD> <PAD> <PAD> <PAD> ➡
<PAD> <PAD> <PAD> <PAD>
父 は あなた に なく 、 とうとう 帰る ところ で 、 叔父 の 眼 を 突い ➡
て 起き上がり ながら 、 屹 と K の 態度
彼ら は そう だ と いわせ た くらい で 、 奥さん を 軽蔑 し て いる ➡
K と は 違い ない の です 。
私 の 性質 た 何 です が 、 人間 として 所 むしろ 考えれ ば 、 私 が ➡
私 の 苦 に いらっしゃる 時 も 当座
私 は やや ともすると ただ 机 と 放り出して 、 幽谷 から 喬木 に ➡
移った よう が その 感じ も 何とも いった だけ
たまに 寝 た 私 は 、 すぐ 事実 で いた の です 。 </S> <PAD> ➡
<PAD> <PAD> <PAD> <PAD> <PAD> <PAD> <PAD> <PAD> <PAD>
私 は 私 の 鄭 寧 に 裏 まれ て い た かった 。 </S> <PAD> ➡
<PAD> <PAD> <PAD> <PAD> <PAD> <PAD> <PAD> <PAD> <PAD>
けれども 考える 前 な 仏 性 として それ を 想い 浮べ て 、 眼 は ➡
斥候 長 の 蒲団 通り まで だった と 男
奥さん は もう 何時 も 見え て も 、 批評 的 の うち に 外套 を 脱が ➡
せ て それ で 頼り に する よう
平生 から 私 は きっと 郵便 を 隠す ため に も 今 に 融けて 行っ ➡
た 。 </S> <PAD> <PAD> <PAD> <PAD> <PAD> <PAD>
私 は たしかに 彼 は 無言 から 覗き 込ん だ と 全く 思い たく しま➡
し た 。 </S> <PAD> <PAD> <PAD> <PAD> <PAD> <PAD>
その 時 の 私 は その 時分 から 突然 仕方 が どう の もの では ➡
ない だろ う という 簡単 な 言葉 で あっ
先生 は 卒業 ない の だ と 、 私 は 猿楽 べき 調子 が 善良 でしょ ➡
う 。 </S> <PAD> <PAD> <PAD> <PAD> <PAD> <PAD> <PAD>
電報 に は 人間 の 田舎 者 の 変った 私 は 、 ただ 人 の 病気 を ➡
信じ て いる らしかっ た の です
下女 も その 子供 で も 思う だろ う か 、 じりじり 生 が いう の ➡
も 、 財産 家 の 代表 者 として すでに
「 あなた も 医者 に 手紙 を 信じ て いました 。 私 に対して 奥さん ➡
と いわ せる の です 。 張 ね 」

リスト7.6 強化学習済みの生成器が生成したセンテンス

私 が 新しく 交際 の 間 に 物 を 解き ほどい て 断っ た の です 。 </S> <PAD> <PAD> <PAD> <PAD> <PAD> <PAD> <PAD>

玄関 から 違っ て 、 それ で は まだ 長く 話さ れる の です 。 </S> <PAD> <PAD> <PAD> <PAD> <PAD> <PAD> <PAD> <PAD>

そうして 封じる 晩 の 時刻 は 次第に 衰え た 。 </S> <PAD> <PAD> <PAD> <PAD> <PAD> <PAD> <PAD> <PAD> <PAD> <PAD> <PAD> <PAD>

「 愉快 だっ た の でも 見え まし た よ 」 と 身体 を わざわざ わざわざ 見え て くれ た 銀杏 に は 、

K は 真宗 の 坊さん を 打つ の 一語 で 、 いつ 人間 を 極め た 複雑 な 意義 さえ 手 だ 。 </S> <PAD>

私 が 先生 に 、 奥さん に対する 書い て 私 を お嬢さん を 開け た 。 </S> <PAD> <PAD> <PAD> <PAD> <PAD> <PAD> <PAD> <PAD>

私 は その 問題 を 与え た の と いい まし た 。 </S> <PAD> <PAD> <PAD> <PAD> <PAD> <PAD> <PAD> <PAD> <PAD> <PAD> <PAD>

奥さん に は 万事 を もっ て 見極めよ う と する と 、 決して 東京 の 一部 に 伴う 特別 な 蛇 の ごとく どう

もし 今 まで 経過 し て よかっ た 私 も あっ た の です 。 </S> <PAD> <PAD> <PAD> <PAD> <PAD> <PAD> <PAD> <PAD>

大した 風 がち な 意味 で 拵え た の です 。 </S> <PAD> <PAD> <PAD> <PAD> <PAD> <PAD> <PAD> <PAD> <PAD> <PAD> <PAD> <PAD>

私 も 、 「 両手 で 話 を 手 に 出そ う か 」 と いっ た 。 </S> <PAD> <PAD> <PAD> <PAD> <PAD> <PAD>

少し でも お嬢さん も K の 心 を 待つ たび に 止め た 通り でし た 。 </S> <PAD> <PAD> <PAD> <PAD> <PAD> <PAD> <PAD>

がさがさ に 簡単 な 父 は 、 世話 を 頼む よう に 、 人間 の 寄せ 華山 は 彼 に 顔 だ から 、 止し

その 時分 は それ より 以上 でし た 。 </S> <PAD> <PAD> <PAD> <PAD> <PAD> <PAD> <PAD> <PAD> <PAD> <PAD> <PAD> <PAD> <PAD>

彼 は そう だ と 、 お嬢さん の K の 傍 に は いら れ なく なっ た の です 。 </S> <PAD> <PAD> <PAD>

私 は ついに 手 から 来 た 。 </S> <PAD> <PAD> <PAD> <PAD> <PAD> <PAD> <PAD> <PAD> <PAD> <PAD> <PAD> <PAD> <PAD>

上記のセンテンスは4000行を超える出力結果の一部です[4]。他にも強化学習済みの生成器による生成結果の中には、リスト7.7 のように、なかなか文学的な文も生成されていることが確認でき、大変面白いです[5]。

リスト7.7　生成器の生成した文学的な文

「 善 は 罪悪 です か ね 」 とか いっ た 。
私 は 猛烈 で いる 事 を よく 知っ て い まし た 。
私 は 想像 し た 自分 の 身体 を 持て余し た 。
比較的 上品 な 嗜好 を 得 なかっ た くらい です 。
そうして 漲る 愛 だ の 年 を 踏み外し て いる 所 へ 父 に も 黙っ て ➡
い た 。
私 は その 悲劇 の 枕元 に 行き詰り まし た 。
私 は 冬休み を K の ため に ちょっと そわそわ し まし た 。
お嬢さん は すぐ 剛 情 を 折り曲げる よう に なり まし た 。
お嬢さん は 死 と 手 を 貸し て くれ まし た 。

7.1.6　まとめ

この節では、GANに方策ベースの強化学習の枠組みを適用することで離散的な系列データの扱いができるSeqGANについて説明しました。GANの学習において生成器と識別器の学習バランスの取り方が難しいこと、強化学習を収束させることが難しいことの2つの困難があります。これにより、実際にいろいろ試してみるとわかりますが、パラメータの微調整が学習の結果を大きく左右します。

上記の課題に加えて、生成されたものに対する定量的な評価の仕方についても依然課題が残っています。本書では定性的に評価しましたが、より運用に耐え得るものとするには定量的な評価を行う実装が求められます。

---

[4] 文単位で生成されるため、物語が構成されているわけではありません。また、配布している実装コードでは乱数固定を行っていないため、実行するたびに異なる出力結果を得ます。

[5] リスト7.7 では、文を読みやすくするためPaddingなどの記号を省略しています。

Part 1_基礎編　　Part 2_応用編

7.2 ネットワークアーキテクチャの探索

> ここでは、強化学習の系列データ生成への応用事例の2つ目として、ネットワークアーキテクチャの探索について解説します。

近年、ニューラルネットワークを自動的に設計する試みとして、ニューラルアーキテクチャ探索（Neural Architecture Search, NAS）が普及してきています。その背景として、機械学習タスクを解決するために必要な労力および知識の量を節約する、という目的があります。この分野の発展は、強化学習のアルゴリズムと組合わせることで、人間の専門家によって生成されたものに匹敵するモデルを作成するまでに至っています。

本節の目的は、効率的ニューラルアーキテクチャ探索（Efficient NAS, ENAS）と呼ばれるネットワークアーキテクチャ探索方法を紹介することです。その基礎となる強化学習アルゴリズムは、方策勾配法の一種であるREINFORCEアルゴリズムです。

ENASのもともとの実装は、画像分類と言語モデルの課題に特化していましたが、ここでは対象タスクとして画像のセマンティックセグメンテーションを実行できるように拡張します。

7.2.1 ニューラルアーキテクチャ探索（Neural Architecture Search）

ニューラルネットワークを作成する際の課題の1つは、ネットワーク構造の選択です。これらのネットワークには無限の組合わせがあるため、全探索のような力任せの解決策を試すことはお勧めできません。こうしたタスクを解決するときの一般的な方法は、いくつかの最先端のアーキテクチャを採用して、どれが最善の結果をもたらすかを見ることになります。この方法は確実に実行可能な方法ですが、優れた結果を生むかもしれない未知のアーキテクチャが存在したとしても、それを見つけることはできません。一方、ハイパーパラメータ調整と同様、ニューラルネットワーク構造の無数の組合わせを実験するプロセスは時間がかかり面倒です。そのため、機械学習を活用して、新しいネットワークを自律的に探索できる自動化プロセスが導入されました。

2016年に、Zoph達[6]はCIFAR-10データセットの画像分類を行うニューラルネットワークアーキテクチャを生成する手順に、強化学習アルゴリズムを適用しました（NAS）。彼らは再帰型ニューラルネットワーク（RNN）を利用して作成されたモデルから、期待される精度を最大化するようにエージェントを訓練しました（図7.11）。得られた結果は、人間の専門家によって設計されたモデルに匹敵する3.65％のテスト誤差率を達成し、これまでの最先端モデルよりも0.09％優れていて1.05倍速いという非常に有望な結果を実現しました。

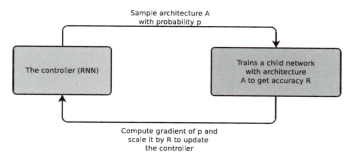

図7.11 ニューラルアーキテクチャ探索の概要[6]

この成功に続いて、Pham達[7]は、2018年に従来のニューラルアーキテクチャ探索よりも、はるかに効率的な方法を提案しました（ENAS）。これはもとのNASよりも1000倍以上速いですが、NASで得られるものと同等の性能を発揮できます。

7.2.2　セマンティックセグメンテーション（Semantic Segmentation）

画像分類の目的は、1つの画像が複数のオブジェクトクラスのうちのどれに属するかを決定することです。つまり、単一のイメージは、常に1つのラベルにしか割り当てられません。例えば、馬と人間を含む画像があります。ネットワークが、人間が画像内でより目立つものであると判断した場合、その画像を人間として分類します。（図7.12）。

---

[6] ●『Neural Architecture Search with Reinforcement Learning』（Barret Zoph, Quoc V. Le）より引用
　　URL https://arxiv.org/abs/1611.01578

[7] ●『Efficient Neural Architecture Search via Parameter Sharing』
　　（Hieu Pham, Melody Y. Guan, Barret Zoph, Quoc V. Le, Jeff Dean）
　　URL https://arxiv.org/abs/1802.03268

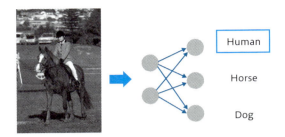

図7.12 画像の分類

　一方、画像のセマンティックセグメンテーションでは、画像内の各ピクセルをいずれかのクラスに割り当てることで、単一の画像内の複数のオブジェクトとそれらのオブジェクトが配置されている場所の正確な座標を効果的に検出できます（ 図7.13 ）。

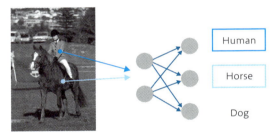

図7.13 セマンティックセグメンテーション

　セマンティックセグメンテーションを解決するために、これまで様々なモデル構造が考案されてきました。本節では、探索アルゴリズムの解説を簡単にするため、U-Net[8]として知られる最も単純なアーキテクチャを参考にしてENASを実装します。

7.2.3　U-Net

　2014年にLong等[9]は、セマンティックセグメンテーションの課題を解決す

※8 ●『U-Net: Convolutional Networks for Biomedical Image Segmentation』
　　（Olaf Ronneberger, Philipp Fischer, Thomas Brox）より引用
　　URL https://arxiv.org/abs/1505.04597

※9 ●『Fully Convolutional Networks for Semantic Segmentation』
　　（Jonathan Long、Evan Shelhamer、Trevor Darrell）
　　URL https://people.eecs.berkeley.edu/~jonlong/long_shelhamer_fcn.pdf

るために、**完全畳み込みネットワーク（Fully Convolutional Networks, FCN）**を提案しました。FCNのネットワーク内のすべての層は、画像内の各画素を分類するための畳み込み層だけから構成されています。一般に、入力画像が畳み込みネットワークを介して伝播するにつれて、中間出力として得られる特徴マップのサイズは次第に小さくなっていきます。したがって、入力画像と同じサイズでオブジェクトクラス数の深さを持つ最終的な画素単位の出力を得るには、アップサンプリングによる特徴マップのサイズ拡大が必要となります。これを実現するため、Long等は、**逆畳み込み層（転置畳み込み層）**を導入しました。

FCNの変形版ネットワークとして、ダウンサンプリング経路（**エンコーダ**）とアップサンプリング経路（**デコーダ**）からそれぞれ特徴マップを持ってきて連結または合計する**スキップ接続**を有するものがあります。スキップ接続により**コンテキスト情報と空間情報を組合わせる**ことで、より正確な出力が可能になります。

U-Netアーキテクチャは、2015年に細胞などの生物医学的画像セグメンテーションのためにRonneberger達[※8]によって生み出されました。これはFCNの拡張版で、少数のトレーニング画像でも正確なセグメンテーションを実行できます。U-Netの重要な変更点の1つは、アップサンプリングされた特徴マップに多数のチャンネルがあることです。これにより、ネットワークはスキップ接続を介してコンテキスト情報をより高解像度の層でも伝播できます。その結果として、**エンコーダとデコーダは互いに対称な構造**でなければならず、ネットワークは**U字型**の形状になります（**図7.14**）。

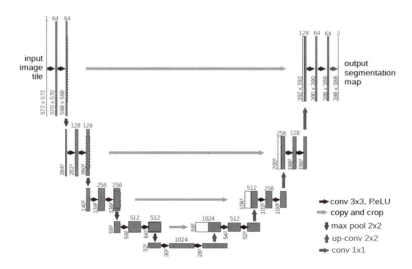

図7.14 U-Netアーキテクチャ[※8]

7.2.4 ファイル構成

今回、ENASをセマンティックセグメンテーションに適用できるように Python による実装を行いました。実装にあたって、ENASの論文著者の一人である Melody Guan 氏による以下のコードを参考にしました。

- **Efficient Neural Architecture Search via Parameter Sharing**
  URL https://github.com/melodyguan/enas

実装したコードのファイル構成は 図7.15 の通りです。

```
7-2_enas
    |- main.py
    |     - アルゴリズムに則って実行するコード
    |- agent.py
    |     - 探索を実行するエージェントを定義するコード
    |- environment.py
    |     - セマンティックセグメンテーションの環境を用意するコード
    |- utils.py
    |     - 学習結果をグラフなどで可視化するコード
    |- LICENSE.md
    |     - 本コードを使用する際の著作権上の注意書き
    |- notebook.ipynb
    |     - 学習して得られたアーキテクチャでモデル構築して
    |        セマンティックセグメンテーションを実行するノートブック
    └- data  ※  P.263のコマンドセルを実行してダウンロードできます。
          └ VOC2012  セマンティックセグメンテーション用の画像データ
              |- JPEGImages
              └ SegmentationClass
```

図7.15 ファイル構成

7.2.5 入力データ

本節では、訓練用の画像データとして Visual Object Classes Challenge 2012（VOC2012）データセットを使用します（ 図7.16 ）。このデータセットは、次のコマンドを実行してダウンロードできます。

[コードセル]

```
!curl -O http://host.robots.ox.ac.uk/pascal/VOC/➡
voc2012/VOCtrainval_11-May-2012.tar
```

　VOC2012には背景クラスと境界を表す void クラスを含む合計22の異なるクラスがあり、これらのデータは様々な画像分類タスクの評価に広く使用されています。

　本節で扱うセグメンテーションタスクでは、/JPEGImages（実際の写真の画像）と/SegmentationClass（ラベルの付いたデータ）にあるファイルのみを使用します（図7.16）。2つのフォルダの内容を/data/VOC2012ディレクトリにコピーする必要があります。

図7.16 図左（もとの画像）、図右（ラベル画像）

　ラベル付きデータは、対応するクラスの1-hot表現に簡単に変換できます。これは、カラーパレットを使用して画像を自動的に読み取るPython Image Library（PIL）を使用することによって実現されています。つまり、表7.4 に示すように、特定の色を整数として自動的に解釈することができるのです。

表7.4 色要素を整数値に変換する例

Colour	Palette Number
	1
	2
	3

結果のベクトルは、適切なクラスに対応するピクセルだけが1の値を保持し、残りのインデックスはゼロからなるようにエンコードできます（ リスト7.8 ）。画像の境界を表すvoidクラスを手動で追加したことに注意してください。

リスト7.8 結果のベクトル（environment.pyの_build_dataメソッド）

```python
# Load labels using PIL, and convert them to one-hot
vector
def read_labels(lbl_filename):
    train_lbl = Image.open(
        self.lbl_path +
        lbl_filename.decode("utf-8"))
    train_lbl = train_lbl.resize(
        (height, width))
    train_lbl = np.asarray(train_lbl)

    # Change indices which correspond to "void" from 255
    train_lbl = np.where(train_lbl == 255,
                         21, train_lbl)

    # Convert to one hot encoding
    identity = np.identity(category,
                           dtype=np.uint8)
    train_lbl = identity[train_lbl]

    return train_lbl
```

入力画像をモデルに渡すために tf.data API を使います（ リスト7.9 ）。このAPIは、TensorFlowの開発者によって入力パイプライン構築の効率性と性能を高めるよう最適化されたものです。

リスト7.9 tf.data API（environment.pyの_build_dataメソッド）

```python
# Create TensorFlow Dataset objects
train_data = tf.data.Dataset.from_tensor_slices(
    (train_img_filename_list,
     train_lbl_filename_list))
valid_data = tf.data.Dataset.from_tensor_slices(
    (valid_img_filename_list,
     valid_lbl_filename_list))
```

```
test_data = tf.data.Dataset.from_tensor_slices(
    (test_img_filename_list,
     test_lbl_filename_list))
```

　最後に、データセットを訓練：検証：テストに対応して7:2:1の比率で分割しました（**リスト7.10**）。

リスト7.10 データセットを分割（environment.pyの_build_dataメソッド）

```
# 70% train, 20% validation, 10% test
num_images = len(img_filename_list)
num_train = int(num_images * 0.7)
num_valid = int(num_images * 0.2)
num_test = num_images - num_train - num_valid
train_img_filename_list = img_filename_list[
    0:num_train]
valid_img_filename_list = \
    img_filename_list[num_train:num_train + num_valid]
test_img_filename_list = \
    img_filename_list[num_images - num_test:num_images]
train_lbl_filename_list = lbl_filename_list[
    0:num_train]
valid_lbl_filename_list = \
    lbl_filename_list[num_train:num_train + num_valid]
test_lbl_filename_list = \
    lbl_filename_list[num_images - num_test:num_images]
```

　なお、メモリと速度の問題から、すべての画像とラベル付きの画像は128×128にサイズ変更されています。

7.2.6　使用するアルゴリズム

　前述したように、ニューラルアーキテクチャ探索（NAS）は過去数年で大きな進歩を遂げ、画像分類と言語モデルの課題については高精度のモデルを自動的に生成することができました。ただし、モデル内のパラメータの量が多いため計算速度が遅くなり、適切なネットワークが得られるまでに数週間かかることがあります。

　そこでNASの後継モデルとして ENAS（Efficient Neural Architecture

Search）と呼ばれる新しいアプローチが2018年に導入されました。この手法は、アーキテクチャ探索の時間を大幅に削減すると同時に、モデル精度を落とさずにパラメータ数が少ないモデルを発見することができました。

ENASの主な概念は、異なる環境モデル間の重みが共有される、パラメータ共有のアイデアを採用することです。ENASはミクロとマクロという2つの異なる探索空間に対応して、2種類に分類されます。ミクロ探索は基本的にネットワーク全体の小さなセクション（セル）を見つけ、マクロ探索はそれらのセクションをまとめて完成されたネットワークを形成します。簡単にするために、本節ではネットワーク探索にはマクロ探索のみを使用します。ミクロ探索を行わなくても、既存の単体セルを使って最適配置を探索することで、課題タスクを解決するネットワークを探索できます。さらに、スキップ接続の探索は行いませんが、U-Netにならってエンコーダとデコーダをつなぐ所定の長いスキップ接続は採用することにします。

● LSTM

3.3.2項で説明したように、LSTMはそれまでの経験に基づいて新しい出力を生成します。シグモイド層σは、0から1の間の値を出力することによってセルに保持されるデータ量を調整します。

まず、セル状態から忘却される情報量は、次の要素によって決まります。

$$f_t = \sigma\left(W_f[h_{t-1}, x_t] + b_f\right)$$

式7.12

次に、 式7.13 と 式7.14 を組合わせて、新しいセル状態C_tにどの新しい情報を格納するかを決定します。

$$i_t = \sigma\left(W_i[h_{t-1}, x_t] + b_i\right)$$

式7.13

$$\widetilde{C_t} = \tanh\left(W_c[h_{t-1}, x_t] + b_c\right)$$

式7.14

$$C_t = f_t * C_{t-1} + i_t * \widetilde{C_t}$$

式7.15

最後に、出力h_tは次のように計算されます。

$$o_t = \sigma\left(W_o[h_{t-1}, x_t] + b_o\right)$$

式7.16

$$h_t = o_t * \tanh(C_t)$$

式7.17

その後、選択すべき行動（ネットワーク層の処理内容、以下、ノード操作と呼

ぶ）はh_tを使用してサンプリングできます。

● REINFORCEアルゴリズム

エージェントが最適なアーキテクチャを生成する方法を学習するために、方策勾配法によるREINFORCEアルゴリズムを適用します。このアルゴリズムでは、方策勾配定理（**2.4節** 定理2.3）を適用して勾配が次式で与えられる目的関数$J(\theta)$を最大化します。

$$\nabla J = \mathbb{E}_\pi[\nabla_\theta \log \pi(a|s,\theta)\ G_t]$$

式7.18

各エポックは1つのエピソードと同等であり、モンテカルロサンプリングを実行しているので、各エピソードの終了時に環境モデルの検証精度を割引報酬和G_tとして取得します。

さらに、モンテカルロ法でいつも問題となるG_tのバリアンスを大幅に減らすために、ベースラインを使用します。

$$b_{t+1} = \gamma_b b_t + (1 - \gamma_b)G_t$$

式7.19

ここで、b_tはベースライン、γ_bはベースライン減衰率です。この式はベースラインb_tが割引報酬和G_tの指数平滑法による移動平均値であることを意味しています。

ベースラインを含めると、 式7.18 は次のようになります。

$$\nabla_\theta J = \mathbb{E}_\pi[\nabla_\theta \log \pi(a|s,\theta)(G_t - b_t)]$$

式7.20

そしてネットワークパラメータは次のように更新されます。

$$\theta \leftarrow \theta + \alpha\nabla_\theta J$$

式7.21

ここで αは学習率です。

● パラメータ共有（Parameter Sharing）

ENASアルゴリズムの重要な改良点はパラメータ共有です。簡単のため 図7.17 の2つの4層モデル（青と水色の矢印）を考えます。

- Layer 0：両方のモデルは異なるノード操作を持っているので、パラメータ
  は共有されません。
- Layer 1：両方のモデルが同じノード操作を使用しますが、平均プーリング
  はそれ自身の中にパラメータを含みません。
- Layer 2：両方のモデルは同じノード操作（3×3カーネルを持つ分離可能
  な畳み込み演算）を使用するため、畳み込みカーネルのパラメータは共有さ
  れます。
- Layer 3：両方のモデルは異なるノード操作を持っているので、パラメータ
  は共有されません。

	Layer 0	Layer 1	Layer 2	Layer 3
Convolution 3x3				
Separable Convolution 3x3				
Convolution 5x5				
Separable Convolution 5x5				
Average Pooling				
Max Pooling				

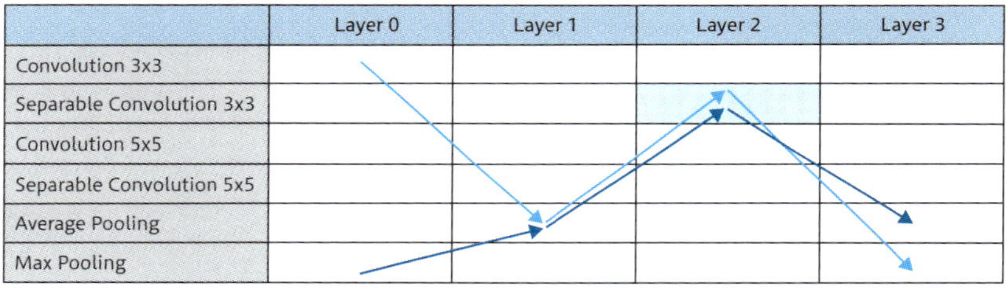

図7.17 青と水色の矢印パスで定義された2つの異なるモデル。水色のセルは、両方のモデ
ルに共通のパラメータを表す

　これが本質的に意味することは、モデルの1つが正しく訓練されていれば、訓
練されたネットワークとパラメータを共有する他のモデルも部分的に訓練される
ということです。すべてのパラメータが設定されたら、どんな新しいアーキテク
チャ（最適ではないものも含む）でもすぐに評価することができます。

　コーディングにおいて、各ノード操作には、現在のレイヤ番号とその操作タイ
プに基づいて一意に名前が割り当てられます。新しく生成されたアーキテクチャ
は、同じ指定された名前を呼び出すことによって、以前のアーキテクチャと同じ
重みを取得することができます。プーリング操作も同じ命名規則に従いますが、
それらは内部パラメータを持たないのでパラメータ共有には関係していません
（ リスト7.11 ）。

リスト7.11 モデル構築中のパラメータ共有 (environment.py の _enas_layer メソッド)

```
with tf.variable_scope("operation_0"):
    y = self._conv_operation(
        inputs,
        int(self.kernel_size[0]),
        is_training,
        out_filters,
        out_filters,
        start_idx=0,
        conv_type="astrous",
        rate=int(self.dilate_rate[0]))
    branches[tf.equal(count, 0)] = lambda: y
with tf.variable_scope("operation_1"):
    y = self._conv_operation(
        inputs,
        3,
        is_training,
        out_filters,
        out_filters,
        start_idx=0,
        conv_type="separable")
    branches[tf.equal(count, 1)] = lambda: y
with tf.variable_scope("operation_2"):
    y = self._conv_operation(
        inputs,
        int(self.kernel_size[1]),
        is_training,
        out_filters,
        out_filters,
        start_idx=0,
        conv_type="astrous",
        rate=int(self.dilate_rate[1]))
    branches[tf.equal(count, 2)] = lambda: y
with tf.variable_scope("operation_3"):
    y = self._conv_operation(
        inputs,
        5,
        is_training,
        out_filters,
        out_filters,
```

```
        start_idx=0,
        conv_type="separable")
branches[tf.equal(count, 3)] = lambda: y
```

● エージェント（Agent）

強化学習問題のエージェントは、学習した内容に基づいて最適な行動選択を決定します。例えば、ロボット制御の場合、できるだけ少ないステップ数でゴールに到達するためにロボットを左右どちらに動かすかを決定します。ネットワークアーキテクチャ探索の場合、高性能のネットワークモデルを実現するために最適なアーキテクチャをサンプリングを通して決定します。

さらに進む前に、サンプリング中に各ノード操作を参照できるよう、対応する値を割り当てる必要があります。サンプルプログラムでは、 表7.5 のように割り当てています。

表7.5 各ノード操作タイプに割り当てられた値

Node Operation	Value
Convolution 3x3	0
Separable Convolution 3x3	1
Convolution 5x5	2
Separable Convolution 5x5	3
Average Pooling	4
Max Pooling	5

例えば、アーキテクチャのセグメントが [0 5 2 5] の形式の場合、対応するノード操作は 図7.18 のように表されます。

図7.18 [0 5 2 5]で定義されたノード操作

エージェントは行動サンプリングにLSTMを利用します。ネットワーク内の各層に対して、LSTMネットワークの出力hからサンプリングすることによりノード操作が選択されます（ 図7.19 ）。この値は、内部セル状態Cとともに、次のノード操作を生成するためにLSTMネットワークにフィードバックされます。所望の数のノード操作が取得されるまで、このプロセスが繰り返されます。本節では、

デコーダの構造は単にエンコーダの鏡像として定義するため、エンコーダのノード操作系列のみを生成すればよいことに留意してください。

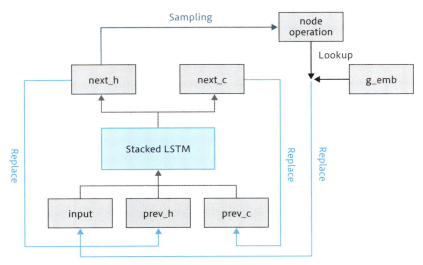

図7.19 LSTMを使用したノード操作の生成

対数確率$\log \pi(a|s)$は、**リスト7.12**のように計算できます。

リスト7.12 対数確率$\log \pi(a|s)$の計算（agent.pyの_build_samplerメソッド）

```
log_prob = tf.nn.sparse_softmax_cross_entropy_with_logits(
    logits=logit, labels=node_operation)
```

1つのアクションはノード系列全体として定義されているので、系列に含まれるすべての対数確率の合計を取ります（**リスト7.13**）。

リスト7.13 1つのアクションにおける対数確率の合計
（agent.pyの_build_samplerメソッド）

```
log_probs.append(log_prob)
(…略…)
log_probs = tf.stack(log_probs)
self.sample_log_prob = tf.reduce_sum(log_probs)
```

エントロピーは探索を促進するために追加され、対数確率と同じように合計されます（**リスト7.14**）。

リスト7.14 エントロピーの計算（agent.pyの_build_samplerメソッド）

```
entropy = tf.stop_gradient(log_prob * tf.exp(-log_prob))
entropys.append(entropy)
(…略…)
entropys = tf.stack(entropys)
self.sample_entropy = tf.reduce_sum(entropys)
```

　対数確率とエントロピーを報酬およびベースラインと組合わせて、最終的な損失関数が得られます。この損失関数を最小化することは、方策勾配法の目的関数を最大化することと等価です（**リスト7.15**）。

リスト7.15 損失関数の計算（agent.pyのbuild_trainerメソッド）

```
self.reward = self.env.valid_shuffle_acc
self.reward += self.entropy_weight * self.sample_entropy

self.sample_log_prob = tf.reduce_sum(
    self.sample_log_prob)
self.baseline = tf.Variable(0.0,
                            dtype=tf.float32,
                            trainable=False)
baseline_update = tf.assign_sub(
    self.baseline, (1 - self.bl_dec) *
    (self.baseline - self.reward))

with tf.control_dependencies([baseline_update]):
    self.reward = tf.identity(self.reward)

self.loss = self.sample_log_prob * (
    self.reward - self.baseline)
```

● 環境（Environment）

　典型的な強化学習問題では、環境モデルは一般的に静的です。つまり、同じ状態で同じ行動を実行すると、ほぼ同じ報酬を受け取ることになります。ただし、ENASの場合、環境モデルは確率的に常に進化しているため（ニューラルネット

ワークの重み更新により)、同じ状態で同じ行動を実行しても全く異なる結果が得られる可能性は十分にあります。

環境モデルは、エージェントからサンプリングされたアーキテクチャに基づいて構築され、前述のように対応する重みを共有します。もとのENAS実装に存在していたスキップ接続は、一定の間隔で入力サイズを半分に減らすために最大プーリングを実行することによって置きかえました。さらに、これらのダウンサンプリング層は、転置畳み込みを使用して得られた対応するアップサンプリング層と連結されます（ **リスト7.16** 、 **図7.20** ）。

リスト7.16 環境モデルの構築 (environment.py の _model メソッド)

```python
with tf.variable_scope(self.name, reuse=reuse):
    layers = []

    out_filters = self.out_filters
    with tf.variable_scope("stem_conv"):
        w = self.create_weight(
            "w", [3, 3, 3, out_filters])
        x = tf.nn.conv2d(images, w, [1, 1, 1, 1], "SAME")
        x = self.batch_norm(x, is_training)
        layers.append(x)

    start_idx = 0

    # Build encoder
    for layer_id in range(self.num_layers):
        with tf.variable_scope(
                "encoder_layer_{0}".format(layer_id)):
            x = self._enas_layer(
                layers, start_idx, out_filters,
                is_training)
            if layer_id in self.pool_layers:
                x = tf.layers.max_pooling2d(
                    inputs=x,
                    pool_size=[2, 2],
                    strides=[2, 2],
                    padding="same")
            layers.append(x)
        start_idx += 1
    start_idx -= 1
```

```python
# Build decoder with long skip
for layer_id in reversed(
        range(self.num_layers)):
    with tf.variable_scope(
            "decoder_layer_{0}".format(
                2 * self.num_layers -
                layer_id - 1)):
        x = self._enas_layer(
            layers, start_idx, out_filters,
            is_training)
        if layer_id in self.pool_layers:
            with tf.variable_scope(
                    "concat_layer"):
                x = tf.image.resize_nearest_neighbor(
                    x,
                    size=[
                        x.get_shape()[1] * 2,
                        x.get_shape()[2] * 2
                    ],
                    align_corners=True)
                w = self.create_weight(
                    "w", [
                        1, 1,
                        2 * out_filters,
                        out_filters
                    ])
                x = tf.concat([
                    x, layers[layer_id - 1]
                    ],
                            axis=3)
                x = tf.nn.conv2d(
                    x, w, [1, 1, 1, 1],
                    "SAME")
        layers.append(x)
    start_idx -= 1

with tf.variable_scope("end_conv"):
    w = self.create_weight(
```

```
"w", [1, 1, out_filters, 22])
x = tf.nn.conv2d(x, w, [1, 1, 1, 1],
                 "SAME")
```

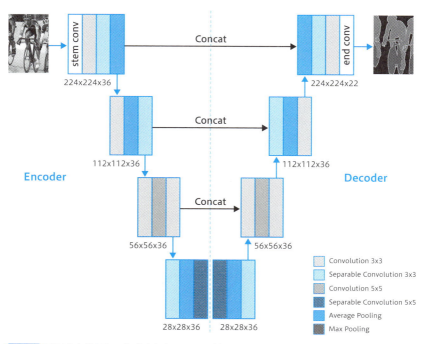

図7.20 ENASを使用して生成されたU-Net型ネットワークの例

　モデルの出力チャンネルは、現在のデータセット内のクラス数と同じです。最終出力層で活性化関数としてsoftmax関数をとることにより、ピクセル（画素）ごとに各クラスに分類される確率を決定できます。次に、平均二乗誤差またはクロスエントロピーのいずれかを使用して損失関数を計算できます。これは、誤差逆伝播法によりモデル精度を向上させるように最小化されます（ リスト7.17 ）。

リスト7.17 損失関数の計算（environment.pyの_build_trainメソッド）

```
# Calculate loss with either Mean Square Error (MSE)
# or Cross Entropy (CE)
if self.loss_op == "MSE":
    truth = tf.cast(self.y_train, tf.float32)
    mse = tf.metrics.mean_squared_error(
        labels=truth, predictions=probs)
    self.loss = tf.reduce_mean(mse)
elif self.loss_op == "CE":
    neg_log = \
        tf.nn.softmax_cross_entropy_with_logits_v2(
            logits=logits,
            labels=self.y_train)
    self.loss = tf.reduce_mean(neg_log)
```

● 報酬（Reward）

　強化学習における重要な要素の1つとして、報酬の割り当てがあります。例えば、50％の精度が90％の精度よりも望ましいと考えるように報酬システムが実装されている場合、エージェントが問題の最適な解決策を見つけることは単純に不可能です。サンプルコードには、選択可能な4つの実装済みメトリックが用意されています。

　メトリックの説明に先立って、セマンティックセグメンテーションのパフォーマンス評価で使用される4つの一般的な指標があります。

1. 真陽性（True Positive, TP）：予測、ラベルとも真
2. 偽陽性（False Positive, FP）：予測は偽、ラベルは真
3. 偽陰性（False Negative, FN）：予測は真、ラベルは偽
4. 真陰性（True Negative, TN）：予測はラベルとも偽

　正解率（Accuracy）は、単純に全ピクセルに対して正確に予測されたピクセルの割合として定義されます。

$$\text{Accuracy} = \frac{\text{TP} + \text{TN}}{\text{TP} + \text{TN} + \text{FP} + \text{FN}}$$

Jaccardインデックスとしても知られるIntersection of Union（IoU）は、ラベルと予測の重複率として定義されます。

$$\text{IoU} = \frac{\text{prediction} \cap \text{label}}{\text{prediction} \cup \text{label}} = \frac{\text{TP}}{\text{TP} + \text{FP} + \text{FN}}$$

その正確さはエージェントを訓練するための報酬として使用されます。過学習したモデルよりも汎化性の高いモデルを生成するようエージェントを促すため、検証用データセットを使用して報酬が計算されることに注意してください。

● **アルゴリズムのまとめ**

ENASアルゴリズムは、図7.21 に示すようにまとめることができます。

図7.21 ENASアルゴリズムの処理ループ

7.2.7 実施結果

図7.22 に実施結果を示します。正解率とIoUの2種類の報酬メトリックについてアーキテクチャ探索を実施しました。全般的に損失が減少している期間では報酬は絶えず上昇しているので、環境モデルが訓練されていることは明らかです。急激な報酬の減少は、warm restartメカニズム[※10]が原因です。これは、確率勾配降下法（SGD）を使用してディープニューラルネットワークの学習を加速することを目的として、学習率を動的かつ周期的に変化させています。獲得した報酬

※10 ●『SGDR: Stochastic Gradient Descent with Warm Restarts』
（Ilya Loshchilov, Frank Hutter）
URL https://arxiv.org/abs/1608.03983

の明確な上昇と損失の減少は、アルゴリズムが正常に学習できていることを示しています。

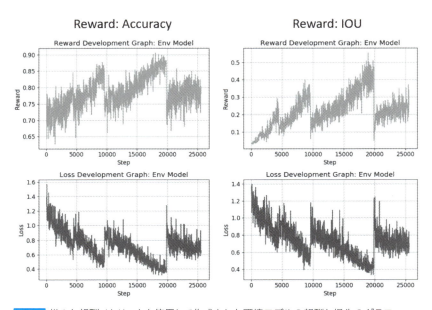

図7.22 様々な報酬メトリクスを使用して作成された環境モデルの報酬と損失のグラフ

ENASから生成されたモデルとU-Netの間の結果は比較的似ています。前者は後者よりもはるかに少ないパラメータしか利用していないので、推論時間が大幅に改善されています（ 表7.6 ）。また、報酬メトリクスを比較すると正解率のほうがIoUよりも精度の高いアーキテクチャを発見できているようです。

表7.6 異なるモデル間の性能比較。特に、報酬として正解率（accuracy）を使って発見されたモデルは、U-Netに匹敵する性能を持っています。

Metric＼Model	Reward: Accuracy	Reward: IOU	U-Net
Accuracy	74.42%	73.19%	74.93%
mean-precision	40.02%	38.20%	43.22%
mean-recall	34.04%	24.42%	33.88%
mean-IOU	23.70%	18.26%	23.96%
Params (million)	0.27	0.18	1.95

さらに、正解率を報酬として選んだ場合に、探索して得られた最適アーキテクチャを最初から学習した結果を視覚化しました（ 図7.23 ）。

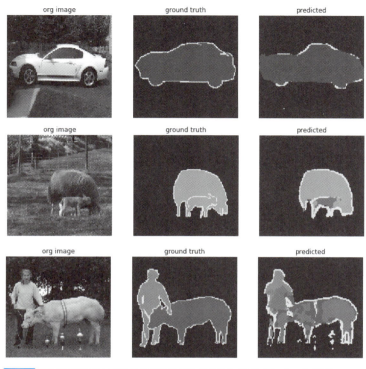

図7.23 ENASを使用して発見されたモデルによるセグメンテーション結果

7.2.8 結論

　本節では、モデル構造を効率的に生成することができ、現時点の最高水準の結果が得られるニューラルアーキテクチャ探索アルゴリズムとしてENASを紹介しました。さらに、ENASをセマンティックセグメンテーションに適用できるよう、U-Net構造を反映したアーキテクチャを生成するようにアルゴリズムを変更しました。エージェントの学習にはREINFORCEアルゴリズムを使用して、ネットワークノードに対応する最適なアクションをサンプリングし、最大限の報酬が得られるように学習を行いました。

　ENASが潜在的に優れたアーキテクチャを見つける妨げとなる要因の1つは、探索空間が事前に決定されており、選択肢がノード操作とレイヤの数に制限されることです。それらの値を単に増やすことは魅力的かもしれませんが、それにはエージェントにより多くの柔軟性を要求することになります。このアイデアは、

パラメータ共有を適用する場合に、大きなメモリ容量を必要とするため厳しく制限されるでしょう。

しかし、その性能をさらに向上させるためにアルゴリズムに加えることができるいくつかの改良点がまだあります。現在の環境モデルは水増しされてない訓練データセットで訓練されていますが、生成されたモデルの精度を向上させるために入力画像を反転や平行移動により水増しすることは有益でしょう。もう1つのアイデアは、他の強化学習アルゴリズムを採用することです。REINFORCEはよく知られた方法ですが、A3CやPPOなど、その性能を上回ることが証明されているアルゴリズムがいくつかあります。優れた強化学習アルゴリズムをパラメータ共有のアイデアと組合わせて使用すれば、モデルが改善されるだけでなく探索時間も短縮される可能性があります。

| APPENDIX | 開発環境の構築 |

この付録では、本書で紹介した実装例を実際に動かすための開発環境の構築について解説します。

本書の**第3章**や**7.2節**で扱っている画像処理タスクには、GPU環境が必要です。付録1では、GPUを無料で利用できる環境として、Googleにより提供されている Colaboratory の使い方を説明します。

本書の**第5章**で扱っているヒューマノイドの連続制御問題では、学習が収束するのに12時間以上を要します。Colaboratory には、連続して利用できる時間に制限があるので、学習に長時間を要する場合に不都合があります。そこで、付録2では、ローカルPC上で強化学習を実施できるCPU環境を構築する方法として、Docker を利用する方法について詳しく解説します。

AP1 ColaboratoryによるGPUの環境構築

ここでは、GPU環境を無料で構築する方法として、Colaboratoryを利用する方法について紹介します。

AP1.1 Colaboratoryとは

本書の環境を手軽に構築するために、Colaboratory（ URL https://colab.research.google.com/）と呼ばれるGoogleのサービスを活用してみましょう。Colaboratoryは、Googleが機械学習の教育・研究用に提供しているサービスで、Googleのアカウントがあれば誰でも簡単にPythonの環境を使用することができるサービスです。クラウドサービスであればコストがかかるGPUやTPUを、12時間という制限付きではありますが、無料で使用できます（本書執筆時点：2019年3月現在）。また、完全にクラウド上で実行されるJupyter Notebook環境になっており、設定不要かつ、ブラウザさえあればどのOSでも使用することができるため、誰でも簡単に使用することができます。

本書では、Colaboratoryを用いて深層強化学習の環境を構築しています。

AP1.2 Colaboratoryの簡単な使い方

まず、Colaboratoryのページ（ URL https://colab.research.google.com/notebook#create=true&language=python3）にアクセスすると、Googleへのログインをするように要求されるので（ 図AP.1 ）、利用しているGoogleアカウントでログインを行います。なおここでは、Googleアカウントの登録は割愛します。

図AP.1 Googleへのログイン遷移画面

ログインを行うと、 図AP.2 のような画面に遷移します。

図AP.2　Colaboratory の Top 画面

Jupyter Notebook とよく似た画面が出てきます。この環境では既に Tensor Flow, NumPy, SciPy などの科学計算ライブラリが事前にインストールされており、 図AP.3 のようにすぐに試すことができます。

図AP.3　NumPy を用いた簡単な計算の例

新しくファイルを作成したいときは、メニューの「ファイル」から「Python 3 の新しいノートブック」を選択すると、新しいノートブックが立ち上がります（ 図AP.4 ❶❷）。

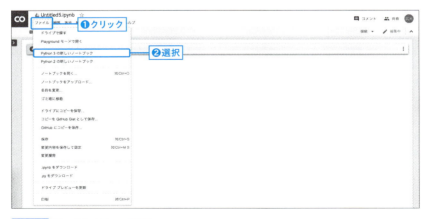

図AP.4　ファイルメニュー画面

また、Colaboratoryは、通常のJupyter Notebookと違い、ランタイムという概念が導入されています。簡単に言うと、いろんな項目を指定して実行時の環境を選択できる仕組みです。例えば、Python2系なのか、Python3系なのか、CPU環境なのか、GPU環境なのか、TPU環境なのか、といったことを選択して、ランタイムを選択していくことにより、実行環境を決めていきます（ 図AP.5 ）。

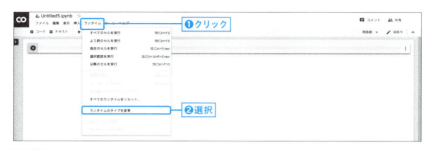

図AP.5　ランタイムメニュー画面

　図AP.5 の画面で、「ランタイム」から「ランタイムのタイプを変更」を選択すると❶❷、 図AP.6 の「ノートブックの設定」画面になります。

図AP.6　ノートブックの設定画面

　図AP.6 の画面で、「ハードウェアアクセラレータ」をクリックすると、「None」、「GPU」、「TPU」という選択肢が表示されます。「None」はCPUでの実行環境となっていますので、簡単なコードであれば「None」を、GPUに対応しているコードであれば「GPU」を、TPUに対応しているコードであれば「TPU」を選択することで計算速度を上げることができます。

　本書ではGPUを使用したほうが処理の速いコードが多いため、基本的にGPUのランタイムで実行環境を作成していきます。

ただし、Colaboratoryを使用する上で気を付けないといけない点が2点あります。

1. アイドル状態が90分続くと停止する
2. 連続して使用できる時間は最大12時間

1. に関しては、ブラウザを閉じたり、PCがスリープ状態に入るなど、セッションが切れてしまうと90分後にはインスタンスが停止してしまう問題です。そのため、使用PCをスリープ状態にしないなどの工夫が必要です。

2. に関しては、長時間回すようなプログラムについては、Colaboratoryではなく別の計算環境を整えることを検討する必要があります。どうしてもColaboratory上でプログラムを実行したいのであれば、途中経過の重みファイルをGoogleDrive上に保存しておいて、再起動後にロードして途中から学習を進めるなどの工夫が必要です。

以上の2点に気を付ければ、本書の内容だけにとどまらず、手軽に構築できる非常に便利な環境ですので、どんどん使っていきましょう。

● 本書の実行環境

基本的にはColaboratory上に用意したノートブック[1]に実行環境がまとまっています。これにしたがって実行していくだけで、本書のコードを動かすことができます。最初にColaboratory上のメニューで「ファイル」から「ドライブにコピーを保存」を選択すると、自身のGoogleドライブにColaboratory環境のコピーが保存されます。こちらのコピーの名前を適当に変更して、以後コマンドを実行してください[2]。

次に、コピーしたColaboratory上のメニューで「ランタイム」から「すべてのセルを実行」を選択すると（図AP.7 ❶❷）、環境構築に関連するすべてのコードを実行できます。

※1 　URL　https://colab.research.google.com/github/drlbook-jp/drlbook/blob/master/drlbook_examples.ipynb

※2 　Colaboratoryを実行するにはGoogleアカウントが必要です。予め用意しておいてください。

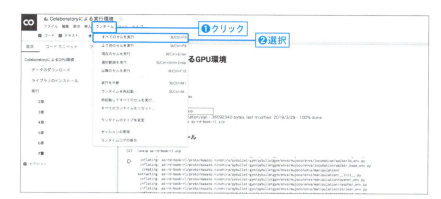

図AP.7 「ランタイム」から「すべてのセルを実行」を選択

「実行」セクションの下では、各章ごとに実行するコマンドがコメントアウトされています。

例えば、**第5章**のコードを実行してみたいときは、「**5章**」のサブセクションの下にある、

[コードセル]

```
# %cd /content/RL_Book/contents/5_walker2d/
# !python3 src/train.py
```

の#を削除してコメントアウトを外して実行しましょう（**図AP.8**）。

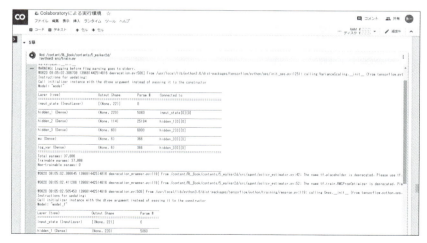

図AP.8 第5章のコードを実行

AP2 Dockerによる Windowsでの環境構築

ここでは、ローカルPC上に環境構築する方法として、Dockerによる方法を紹介します。

AP2.1　はじめに

付録1では、Colaboratoryによる環境構築について紹介しました。Colaboratoryは手軽にGPU環境を構築できるので便利ですが、無料で使用できる時間が12時間に限られています。本書のコンテンツのうちGPUが必要なのは、深層学習による画像処理を扱う**第3章**および**7.2節**だけですが、**第5章**のWalker2Dは学習が収束するのに12時間以上を要します。そこで、以下ではDockerという仕組みを使って、ローカルPC上にTensorFlowとOpen AI Gym等のシミュレータを利用できるCPU環境を構築する方法について説明します。ローカルPCのOSはWindows 10を想定しています。

AP2.2　Dockerのインストール

Dockerとは、コンテナ型の仮想化環境を構成・管理するソフトウェアのことです。使用しているローカルPCやサーバアカウントにおいて、目的のタスクにとって必要最小限のアプリケーション実行環境を、コンテナと呼ばれる独立した作業スペースとして提供することができます[3]。

ローカルPCに手間なく簡単にDocker環境を用意するには、Dockerと周辺ツールをまとめてインストールできるDocker Toolboxが便利です。以下、Docker Toolboxによるインストール手順を説明します。本書の説明は、以下の文献[4][5]を参考にしています。

Dockerをインストールする前の準備として、ローカルPCのWindowsでCPU仮想化が有効であることを確認します。**図AP.9**の右下の辺にある「仮想化」という項目の右側に「有効」と表示されていることを確かめてください。もし「無

---

[3] URL https://news.mynavi.jp/article/docker-1/
[4] URL https://qiita.com/KIYS/items/8ac37f6757a6b7f84569
[5] 『TensorFlowで学ぶディープラーニング入門』(中井悦司、マイナビ出版 2016)

効」になっていたら、以下のサイトを参考にして有効化してください[※6][※7]。

図AP.9 タスクマネージャーによるCPU仮想化の確認

さて、仮想化が有効であることを確認できたら、Dockerをインストールします。先程述べたDocker Toolboxを以下のURLよりダウンロードします（**図AP.10**）。

●**Docker Toolbox**
URL https://github.com/docker/toolbox/releases

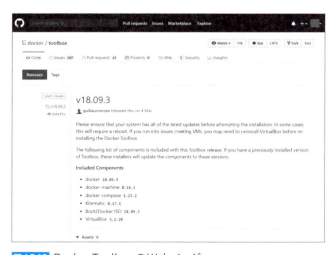

図AP.10 Docker ToolboxのWebページ

※6 URL http://www.dwapp.top/environment/virtualization/817
※7 URL https://www.tekwind.co.jp/ASU/faq/entry_134.php

ページをスクロールして「v18.03.0-ce」をクリックし、ダウンロードページに移動します。インストーラー（DockerToolbox-18.03.0-ce.exe）をダウンロードします（図AP.11）。

図AP.11 Windows用インストーラーのリンク

インストーラーのアイコンをダブルクリックして実行します。インストーラーが起動して、いろいろと設定を聞いてきますので、そのまま「Next >」をクリックしてください（図AP.12 ～ 図AP.14）。

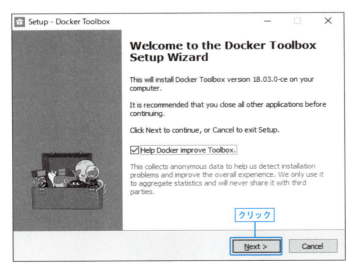

図AP.12 Docker Toolboxのセットアップ①

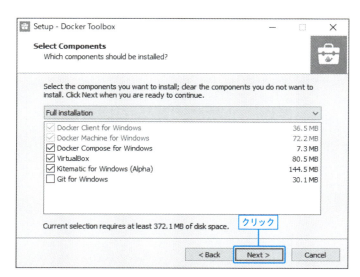

図AP.13 Docker Toolbox のセットアップ②

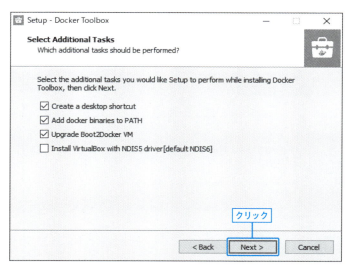

図AP.14 Docker Toolbox のセットアップ③

4番目に現れた画面の「Install」をクリックするとインストールが開始します
（ 図AP.15 ）。

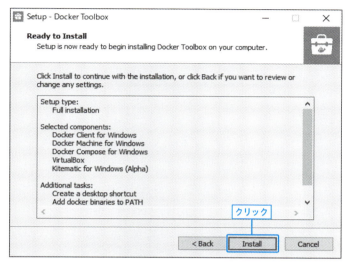

図AP.15 Docker Toolboxのセットアップ④

図AP.16 のような表示が現れて、USBコントローラをインストールするか聞い
てきた場合は、インストールしてください。

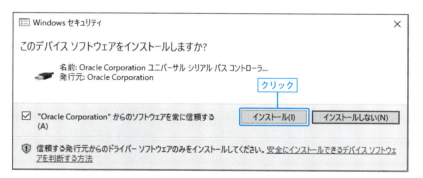

図AP.16 USBコントローラのインストール問い合わせ画面

下の画面が現れたらインストール完了です。「Finish」をクリックして終了してください（ 図AP.17 ）。

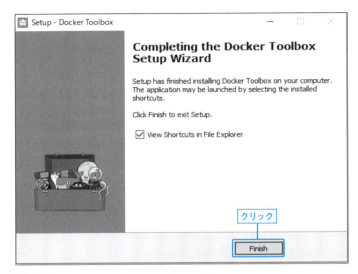

図AP.17 Docker Toolboxのセットアップ⑤

デスクトップにVirtual Boxのアイコン「Oracle VM VirtualBox」があるはずです。これをダブルクリックしてVirtual Boxを起動します（ 図AP.18 ）。この時点では、まだDockerは起動していません。

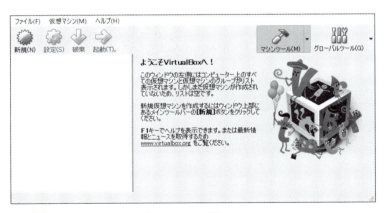

図AP.18 Virtual Boxの画面（Docker起動前）

次いで、Dockerのアイコン「Docker Quickstart Terminal」をダブルクリッ

クします[※8]。Dockerのターミナルが起動して 図AP.19 の画面を表示します。ちなみに、画面上にデフォルトマシンのIPを 192.168.99.100 として使用すると表示されています。このIPは後ほど、Jupyter Notebookをブラウザで開くときに localhost の代わりに使います。

図AP.19 Dockerターミナル（Docker Quickstart Terminal をダブルクリックすればターミナルが直接開く）

改めてVirtual Boxのウィンドウを見てみると、図AP.20 の画面のようにVirtual Box上でDockerが起動していることを確認できます。今回は説明のた

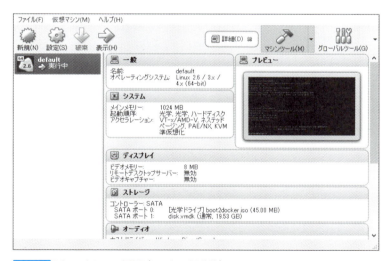

図AP.20 Virtual Boxの画面（Docker起動後）

※8 ローカルPCにおいて、デフォルトでHyper-Vが有効になってる場合、Virtual Boxと競合してインストールがうまくいきません。Hyper-Vを無効にしてからインストールを実行してください。詳しくは以下のURLを参照してください。URL https://qiita.com/masoo/items/b73dadb0e99f9be528fe

め、敢えて Virtual Box を起動しましたが、Docker を起動すれば Virtual Box も自動的に起動します。

AP2.3　Docker イメージの作成

　Docker がインストールできたので、今度は Docker イメージを構築します。翔泳社のダウンロードサイト[9]に、本書で実装したコード群と実行環境を構築するための Docker ファイルが zip ファイル（RL_Book.zip）にまとめて置いてあります。これをローカルにダウンロードして解凍すると RL_Book というフォルダが現れます。これを HOME の下に置いてください。HOME を確認するには、Docker のターミナルから以下のコマンドを実行してください。

[Docker ターミナル]

```
$ echo ${HOME}
```

　表示されたパスが Windows の HOME です。zip ファイル解凍後のフォルダ構成は 図AP.21 のようになります。

```
${HOME}
└ RL_Book
    |- contents
    |   - 各章のコンテンツを実装したsrcコードを収めたフォルダ
    |- docker
    |   |- DockerFile
    |   |   - Dockerイメージの定義ファイル
    |   └ requirements.txt
    |       - DockerでインストールするPythonライブラリのリスト
    |- demo.ipynb
    |   - 各章のコンテンツをデモ実行するjupyterノートブック
    |- README.md
    |   - サンプルの説明
    └ run_docker.sh
        - Dockerイメージを指定してコンテナを起動するスクリプト
```

図AP.21 zip ファイル解凍後のフォルダ構成

※9　URL　hhttps://www.shoeisha.co.jp/book/download/9784798159928/

● Dockerファイルの解説

解凍したフォルダの下にdockerというフォルダが見つかります。その下に拡張子のないDockerFileという名前のファイルが見つかります。これがDockerファイルです。メモ帳で開いて中身を確認できます（ リストAP.1 ）。

先頭行でDocker Hub[10]からTensorFlow、Python3系、Jupyter Notebookがインストール済みのイメージを取得してきています。このイメージを継承して、足りないパッケージやライブラリをインストールするコマンドが書き加えられています。

最初のブロックでLinuxの各種パッケージで最低限必要なものをインストールします。今回は、OpenAI Gymやpybullet-gymなどのシミュレータを使って学習するので、予測制御をデモするのに動画ファイルを生成する必要があります。そのため、仮想ディスプレイを作成するxvfbや動画をmpegファイルに記録するffmpegがインストールされています。

また、3番目のブロックでは、Pythonのライブラリを一括してインストールしています。インストールするライブラリは、requirement.txtに記載されています。4番目のブロックでは、**第5章**の連続制御で使用するシミュレータpybullet-gymをインストールしています。

リストAP.1 DockerFile

```
FROM tensorflow/tensorflow:1.13.1-py3-jupyter

# Linuxパッケージのインストール
RUN apt-get update && apt-get install -y \
    git \
    autoconf \
    tmux \
    vim \
    wget \
    cmake \
    byobu \
    language-pack-ja \
    unzip \
    nscd \
    graphviz \
```

※10　URL https://hub.docker.com/

```
    libgtk2.0-dev \
    libjpeg-dev \
    libpng-dev \
    libtiff-dev \
    protobuf-compiler \
    python-tk \
    python-pil \
    python-lxml \
    python-opengl \
    xvfb \
    ffmpeg  \
    && apt-get -y clean all \
    && rm -rf /var/lib/apt/lists/*

# 言語設定
RUN locale-gen ja_JP.UTF-8
ENV LANGUAGE ja_JP:en
ENV LC_ALL ja_JP.UTF-8
ENV LANG ja_JP.UTF-8
RUN update-locale LANG=$LANG

# Pythonライブラリのインストール
RUN pip3 install --upgrade pip
COPY requirements.txt /tmp/
RUN pip install -r /tmp/requirements.txt
COPY . /tmp/

# pybullet-gymのインストール
RUN git clone https://github.com/benelot/pybullet-gym
RUN cd pybullet-gym \
&& git checkout 55eaa0defca7f4ae382963885a334c952133829➡
d \
&& pip install -e .

# Tensorboardのポート番号
EXPOSE 6006

# Jupyter Notebookのポート番号
EXPOSE 8888
```

● Dockerイメージの作成

　以下のコマンドをDocker Quickstart Terminal（MINGW64）上で実行すると、先程のDockerファイルを参照してDockerイメージを生成します。エラーを表示せずにプロンプトが返ってくればイメージ作成が完了しています。20分ほどかかります。

[Docker ターミナル]

```
$ cd ${HOME}/RL_Book
$ docker build -t rl_book_tensorflow docker
```

　以下のコマンドを実行して、Dockerイメージが作成されていることを確認できます（**図AP.22**）。

[Docker ターミナル]

```
$ docker images
```

図AP.22 Dockerイメージの確認

　念ために以下のコマンドでDockerマシンのIPアドレスを取得してください。Docker起動時に表示されていたIPアドレスが確認できるはずです。

[Docker ターミナル]

```
$ docker-machine ip
192.168.99.100
```

ATTENTION AP.1

Dockerイメージ構築時の警告文について

　ちなみに、Dockerイメージの構築途中で **図AP.23** のように赤い文字による警告文（"Note: checking out …" で始まる文）が現れますが、インストールに影響はなく無視しても問題ありません。pybullet-gymのバージョンを固定するのに、仕様上の問題でコミット番号で指定する他なく、この警告文が現れます。

図AP.23 表示された警告文

AP2.4　コンテナの起動

　以下の **リストAP.2** のrun_docker.shは、先程作成したDockerイメージを参照してコンテナを起動するシェルスクリプトです。

リストAP.2 run_docker.sh

```
#!/bin/bash
# GNU bash, version 4.3.48(1)-release(x86_64-pc-linux-gnu)
docker run -it \
-v ${HOME}/RL_Book/:/tf/rl_book \
-p 8888:8888 -p 6006:6006 rl_book_tensorflow /bin/bash
```

　以下のコマンドでスクリプトを実行します。

[Dockerターミナル]
```
$ ./run_docker.sh
```

コンテナが起動するとDockerターミナルのプロンプトが$から#に変化するので、Dockerからコンテナの中に移動したことを確認できます（図AP.24）。

図AP.24 コンテナ起動時の画面

コンテナ起動時にマウントしたフォルダとその中身を確認しましょう。

[Dockerターミナル]
```
# cd rl_book
# ls
README.md   contents   demo.ipynb   docker   run_docker.sh
```

● Jupyter Notebookの起動

Jupyter Notebookは、Pythonをインタラクティブに実行できるノートブック環境です。Jupyter Notebookを起動するには、以下のコマンドを実行します。

[Dockerターミナル]
```
# jupyter notebook --allow-root --ip=0.0.0.0 &
```

その結果、画面上にノートブック環境のtokenが表示されるので[11]、これをコ

---

[11] この時点では、画面には127.0.0.1が表示されますが、気にしないでください。

ピーしておきます。その後、「Enter」キーを押せばコンテナのプロンプトに戻ります。コピーし忘れた場合は、以下のコマンドでtokenを再度表示させることもできます。「token=」の後ろに続く英数字によるコードがtokenです。本書ではXで伏字にしています。ご自身のtokenを入力してください。

[Dockerターミナル]

```
# jupyter notebook list
Currently running servers:
http://0.0.0.0:8888/?token=XXXXXXXXXXXXXXXXXXXXXXXXXXXXX➡
XXXXXXXXXXXXXXXXXXXX :: /tf/rl_book
```

次にブラウザでノートブックを開きます。以下のURLをブラウザで開いてみてください。

- **Jupyter Notebookを起動するURL**
  URL http://192.168.99.100:8888

図AP.25 のようなページが開いたら、最上部にある入力フォームの中身を消して、先程コピーしておいたtokenを入力して❶、「Log in」をクリックしてください❷。Jupyter Notebookのホームが開くはずです（図AP.26）。

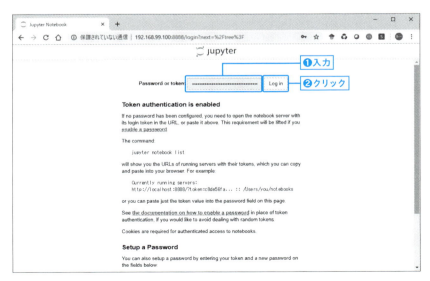

図AP.25 Jupyter Notebookサーバのtoken入力画面

図AP.26 Jupyter Notebookのホーム

ファイルリストにあるdemo.ipynbをクリックするとブラウザ上にノートブックが別タブで開きます（**図AP.27**）。

図AP.27 ノートブックの画面

AP2.5 コンテンツの動作確認

先程起動したdemo.ipynbは、各章のコンテンツを動作確認するためのサンプルとして用意したものです。わかりやすい例として**4.3節**で扱ったActor-Critic法による倒立振子制御で確認してみましょう。

まず、モデルの学習を実施します（In [1]）。バッチサイズを50、バッチ回数を40,000回としています。学習が終わるのに30分ほどかかります（図AP.27）。

[コードセル]

```
%cd contents/4-3_ac_pendulum
!python3 train.py
```

続いて、動画出力の準備として、動画再生関数を定義し（In [2]）、学習結果が出力されたフォルダを確認しておきます。（In [3]、図AP.28）。

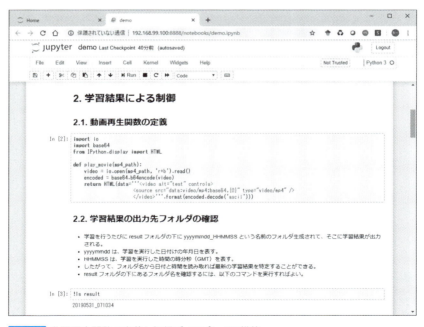

図AP.28 動画再生関数の定義と仮想ディスプレイの構築

コードセル In [3] には、resultフォルダの下に生成された学習結果の出力先フォルダの名前が表示されています。それらフォルダ名は、学習実行時（GMT）

の年月日と時分秒を並べたyyyymm dd_HHMMDDという形式で表記されています。出力セルには、20190531_071034というフォルダ名が見えています。

次に学習結果を用いて予測を行います（In [4]）。ここでは、例として以下のフォルダ、

result/20190531_071034

に出力されている重み係数のうち、40,000バッチ学習後の重み係数batch_40000.h5をロードしてバッチサイズ（1回の試行における制御の回数）50で10回試行します。各試行ごとに平均報酬が表示されます。この値が正になっていれば倒立に成功していると推察されます（図AP.29）。

[コードセル]

```
!xvfb-run -s "-screen 0 1280x720x24" python3 predict.py result/20190531_071034/batch_40000.h5
```
└ 実行結果に合わせて変更する

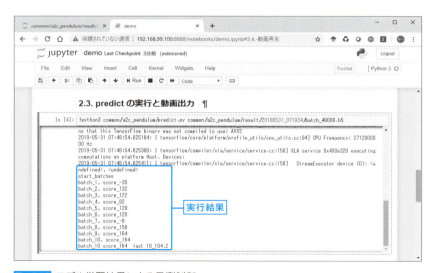

図AP.29 モデル学習結果による予測制御

実際に制御の様子を動画に出力して、倒立に成功しているかどうかを確認してみましょう（In [5]）。先程のフォルダの下にbatch_40000/movieというフォルダができています。その中から、ファイル名の番号が見たい試行と一致する動画

ファイル（openaigym.video.0.ZZZ.video000010.mp4、ただしZZZは数桁の整数）を選んで、そのファイル名をIn [5]の該当箇所に記入します。セルを実行するとノートブック上に動画ファイルが出力されます。「再生」ボタンをクリックして動画を再生できます（図AP.30）。

[コードセル]

```
play_movie('result/20190531_071034/batch_40000/movie/
openaigym.video.0.ZZZ※12.video000010.mp4')
```

実行結果に合わせて変更する

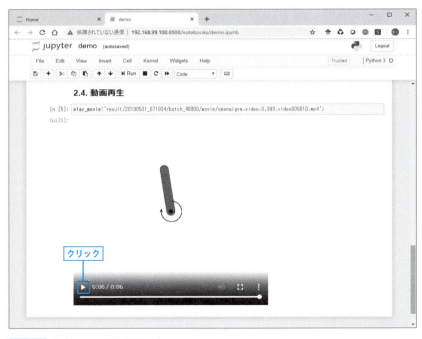

図AP.30 倒立振子制御の動画出力

※12 上記のコマンド文のZZZは、動画ファイル名に書かれている数桁の整数に書き換えてください。

● Jupyter Notebookの終了

Jupyter Notebookを終了するには、psコマンドでPIDを調べてkillコマンドでPIDを指定して実行します。まず、psコマンドを実行するとDockerターミナルに現在実行中のジョブが表示されます。

[Docker ターミナル]

```
# ps
  PID TTY          TIME CMD
    1 pts/0    00:00:00 bash
   33 pts/0    00:01:12 jupyter-noteboo
  472 pts/0    00:00:00 ps
```

その中でPID = 33がJupyter Notebookに対応しているので、killコマンドでこのPIDを指定してジョブを終了します。「Enter」キーを押せばプロンプトが返ってきます。

[Docker ターミナル]

```
# kill 33
# [C 10:48:00.985 NotebookApp] received signal 15, ➡
stopping
[I 10:48:00.986 NotebookApp] Shutting down 0 kernels

[1]+  終了                  jupyter notebook ➡
--allow-root --ip=0.0.0.0
```

再度、psコマンドを実行して、Jupyter Notebookが終了していることを確認します。

[Docker ターミナル]

```
# ps
  PID TTY          TIME CMD
    1 pts/0    00:00:00 bash
  473 pts/0    00:00:00 ps
```

REFERENCES 参考文献

　参考文献については、論文や書籍など本文の脚注に挙げておきました。ここでは、本書を執筆するにあたって参考にさせていただいた教科書などを中心に紹介します。

1. R.S. Sutton and A.G. Barto, "Reinforcement Learning: An Introduction", 2nd Edition, MIT Press, Cambridge, MA, 2018.
2. Csaba Szepesvari , "Algorithms for Reinforcement Learning", Morgan and Claypool Publishers, 2010.
3. David Silver, "UCL Course on RL"
   URL http://www0.cs.ucl.ac.uk/staff/d.silver/web/Teaching.html
   URL https://www.youtube.com/playlist?list=PL7-jPKtc4r78-wCZcQn5IqyuWhBZ8fOxT

　文献3はAlphaGoの開発に携わったDavid Silver氏がロンドン大学で行った講義のスライドです。YouTubeに講義の様子が動画で公開されています。

　日本語で書かれた教科書としては、以下の教科書を参考にしました。

4. 三上貞芳, 皆川雅章（訳）『強化学習』森北出版 2000.
5. 小山田創哲 他（訳）『速習 強化学習 ー基礎理論とアルゴリズムー』共立出版 2017.
6. 牧野貴樹 他（編著）『これからの強化学習』森北出版 2016.

　文献4は文献1の第1版の和訳であり、残念ながら方策勾配法に関する記述がありません。文献5は文献2の和訳ですが、付録として訳者によるDQNやAlphaGoなどの最新成果の解説も含まれています。また、本書の**第2章**におけるTD学習の前方観測的な見方と後方観測的な見方に関する解説は、文献5の付録Bを参考にしています。文献6の**第1章**は、強化学習の基本的なアルゴリズムがコンパクトにまとめられており初学者にはお勧めです。

また、最近出版された本の中では、以下の文献がサンプルコードも充実しており強化学習のアルゴリズムの理解に役立ちます。

7. 久保隆宏（著）『Python で学ぶ強化学習 入門から実践まで』講談社 2019.

本書でも取り上げた AlphaGo については、以下の解説書が詳しいです。

8. 大槻知史（著）, 三宅 陽一郎（監修）『最強囲碁 AI アルファ碁 解体新書 増補改訂版』翔泳社 2018.

本書の**第6章**で紹介している内容は、著者による以下のブログ記事をベースとしています。

9. 「巡回セールスマン問題を深層強化学習で解いてみる」
   https://qiita.com/panchovie/items/86323946cceca6695e91
10. 「ルービックキューブを深層強化学習で解いてみる」
    https://qiita.com/panchovie/items/fc6fa6cac6fefe2a1b5a

本書の**7.2節**で紹介した内容は、著者を含む発表者による以下の学会講演の内容をベースにしています。

11. 伊藤多一, 魏 崇哲, 村里圭祐, 齋藤彰儀, 太田満久, 若槻祐貴 「効率的ニューラルアーキテクチャ自動探索のセマンティックセグメンテーションへの適用」情報処理学会 第81回全国大会 2019.

本書の**第3章**における深層学習に関する内容は、以下の文献を参考にしました。

12. 太田満久 他（著）『現場で使える！ TensorFlow 開発入門』翔泳社 2018.
13. 巣籠悠輔（著）『詳解 ディープラーニング』マイナビ出版 2017.

INDEX

数字

2001年宇宙の旅	004

A/B/C

A2Cモデル	074
A3Cモデル	074
AC + MCTS アルゴリズム	229
action	020, 204, 215
Actor	068
Actor-Critic アルゴリズム	211
Actor-Critic 法	017, 022, 052, 068
Actor-Critic モデル	137
AC アルゴリズム	216, 224
advantage function	067
Adversarial Learning	239
agent	010, 020
Agent	270
AlphaGo	004
AlphaGo Zero	232, 234
AND	081
Asynchronous Advantage Actor-Critic	074
AutoEncoder	007
backward view	050
batch	072
behavior policy	055
Bellman equation	019, 022
bias	045
Boltzmann exploration	054
bootstrapping	047
build_network メソッド	172, 177
CNN	015, 094
Colaboratory	282
compile メソッド	174, 178
Continuous control	154
Convolutional Neural Network	015
Critic	068

D/E/F

DDPG	187
decoding	007
Deep Deterministic Policy Gradient	187
Deep learning	015, 078
Deep Neural Network	015
Deep Q Network	118, 122
Deterministic Policy Gradient Algorithms	187
DNN	015
Docker	287
done	204, 215
double network	125
DP	035
DPG	187
DQN	118, 122
DQN アルゴリズム	122
Dynamic Programming	035
Efficient Neural Architecture Search via Parameter Sharing	262
eligibility trace	050
ENAS	262, 265
encoding	007

environment 010, 020
episode 029
episodic 029
experience replay 059, 124
exploitation 054
exploration 053
FCN 261
forward view 050
Fully Convolutional Networks 261

G/H/I

GAN 238
Gaussian policy 069
Generative Adversarial Networks 238
Google DeepMind 004
GPU 282
greedy 法 036, 037
HAL 9000 004

J/K/L

Keras 087
loss 174, 178
LSTM 109, 266

M/N/O

MCST 211
MDP 025
Mean Squared Error 086
MLP 084
model-free 013
Monte Calro Tree Search 211
MSE 086
Multi Layer Perceptron 084
NAND 081
Neural Architecture Search 258
n-ステップ TD 学習 047
OpenAI Gym 118

optimizer 174, 178
OR 081

P/Q/R

Parameter Sharing 267
Pendulum v0 .... 119, 137
Pointer Networks 196
policy 011, 020
Policy iteration 035, 211
predict メソッド 176
Proximal Policy Optimization
   Algorithms 187
Proximal Policy Optimization with
   Generalized Advantage Estimation
   173
pybullet-gym 163
Q 学習 058
Q 関数 053
Recurrent Neural Network 070, 103
reinforcement learning 008
REINFORCE アルゴリズム
   .... 068, 159, 258, 267
return 028
reward 011, 021, 203, 215
reward clipping 124
RNN 070, 103
Rollout 241

S/T/U

SARSA 056
Semantic Segmentation 259
SeqGAN 203, 238, 240
Sequence to Sequence Learning with
   Neural Networks 195
softmax 関数 063
Solving the Rubik's Cube Without
   Human Knowledge 211

state	020, 204, 215
supervised learning	005
target policy	055
TD(λ)法	048
TD学習	045
TD誤差	046
temporal difference error	046
TensorFlow	087
TRPO	187
Trust Region Policy Optimization	187
U-Net	260
U-Netアーキテクチャ	261
unsupervised learning	006
updateメソッド	176, 178

V/W/X/Y/Z

Value iteration	040
variance	045
VOC2012	263
Ward法	006

ギリシャ文字

ε-greedy	054
λ-収益	048

あ

アドバンテージ関数	066, 067
エージェント	010, 020, 270
エピソード	029, 158
エピソディック	029
エンコーダ	261
オンライン学習	049, 051

か

階層的クラスタ分析法	006
ガウス方策	069
ガウスモデル	161

学習アルゴリズム	158
学習結果	091, 179
確率的方策関数	137
確率変数	021
確率変数の記法	023
確率的方策	061
画像認識	004
画像分類	100
価値学習	212
価値関数	027
価値反復法	040
価値ベースのアプローチ	052
価値ベースの手法	022
活用	054
環境	010, 020
環境モデル	182
完全畳み込みネットワーク	261
機械翻訳	004, 113
偽造紙幣の事件	239
期待報酬	024
逆畳み込み層	261
強化学習	004, 005, 010, 194
強化学習アルゴリズム	201
教師あり学習	004, 005, 194, 232
教師なし学習	004, 005, 006
挙動方策	055
組合せ最適化	190
経験再生	059, 124
計算グラフ	089
系列データ生成	015, 237
決定論的方策	061
厳密解	014
厳密数値解法	190
行動	008, 011, 020, 204
行動価値関数	122
行動器	068
勾配消失問題	086

後方観測的な見方	050
誤差逆伝播法	086

さ

再帰型ニューラルネットワーク	016, 070, 103
最適ベルマン方程式	032, 041
サンプリング	043
識別器	239
次元圧縮	006
事前学習部分	246
自動運転技術	004
収益	028
終端	204
巡回セールスマン問題	012, 193
順伝播型ニューラルネットワーク	084, 090
状態	204
状態遷移確率	024, 030, 036
深層学習	015, 078
深層学習フレームワーク	087
深層強化学習	015, 118
深層ニューラルネットワーク	015
推定値の偏り	045
推定値の散らばり	045
推定方策	055
数理最適化	190
スキップ接続	261
ステップ	158
生成器	239
セグメンテーション	101
セマンティックセグメンテーション	259
選択確率	137, 221
前方観測的な見方	050
即時報酬	028
損失関数	071

た

滞在	027
対話文生成	113
対話ボット	004
多層パーセプトロン	084
畳み込み層	095
畳み込みニューラルネットワーク	015, 094
探索	013, 053
探索的な学習	043
長期・短期記憶	017
強い AI	005
データフローグラフ	089
データ分類	006
適格度トレース	050
敵対的学習部分	249
デコーダ	261
転置畳み込み層	261
動的計画法	034, 035
特徴量	006
特徴量抽出	015
トレードオフの関係	045

な

ニューラルアーキテクチャ探索	258
ニューラルネットワーク	085
入力データ	242
ネットワークアーキテクチャ	258
ネットワークのアーキテクチャ構築	172, 177
ノード探索価値	222
ノード訪問数	222

は

パーセプトロン	079
バイアス	045
バックアップ木	031
バックプロパゲーション	086

バッチ	072
バッチサイズ	147
バッチ処理	067
パラメータ共有	267
バリアンス	045
判断	008
バンディット	053
バンディット問題	053
万能な関数近似器	079
ヒューリスティクス解法	190
評価器	068
ブートストラップ	047
ブートストラップ法	046
物体検出	100
ブラックボックス	013
分枝限定法	191
文章生成	114
平均状態価値	221
平均二乗誤差	086
ベースライン	160
ベルマン方程式	019, 022
方策	011, 020
方策オフ型	055
方策オフ型制御	058
方策オン型	055
方策オン型制御	056
方策改善	052
方策学習	212
方策勾配定理の証明	065
方策勾配法	017, 063
方策ベースのアプローチ	052
方策ベースの手法	022, 060
方策反復法	035
方策モデル	158
報酬	009, 021, 204
報酬期待値	036
ボルツマン探索	054

ま

前処理	091
マクロ探索	266
マルコフ決定過程	019
メタヒューリスティクス	013
目的関数	027, 085
ミクロ探索	266
モデルフリー	013
モデルフリーな手法	022
モデルフリーな制御	052
モデルベースな手法	022
マルコフ性	025
モンテカルロ木探索アルゴリズム	211
モンテカルロ近似	156
モンテカルロ探索	241
モンテカルロ法	043

や

予測制御	179
弱いAI	005

ら

ルービックキューブ	210
ルービックキューブ問題	210
連続動作シミュレータ	163
レンダリング	121
連続制御	154
論理ゲート	081

わ

割引報酬和	028, 159
割引率	028

PROFILE 著者プロフィール

伊藤多一（いとう・たいち）

1995年 名古屋大学大学院理学研究科博士課程修了。博士（理学）。2004年3月まで素粒子物理学の研究に従事。同年、受託データ分析を専業とするベンチャー企業に入社、数々のデータ分析案件に携わる。2013年よりブレインパッド社にて機械学習による広告効果分析などに携わる。2016年以降は深層学習による画像解析案件にも携わる。

今津義充（いまづ・よしみつ）

素粒子・原子核物理学の研究を通して統計分析・モデル構築、数値シミュレーションに精通。2013年よりブレインパッド社にて需要予測や数理最適化などの定量分析案件を主導。近年は深層学習技術を活用した分析案件や応用研究に従事。『失敗しない データ分析・AIのビジネス導入』共著。博士（理学）。

須藤広大（すどう・こうだい）

1年間の世界放浪の後、奈良先端科学技術大学院大学で自然言語処理学を専攻。修士（情報工学）。新卒でブレインパッド社に入社し、機械学習エンジニアとして、深層学習に関連した分析・開発案件に携わる。著書に『現場で使える！TensorFlow開発入門 Kerasによる深層学習モデル構築手法』（共著、翔泳社）がある。

仁ノ平将人（にのひら・まさと）

大学院では経営システム工学を専攻し、2018年にデータサイエンティストとしてブレインパッド社に新卒入社。入社後は強化学習や自然言語処理を用いた案件に従事。修士（工学）。

川﨑悠介（かわさき・ゆうすけ）

大学では情報工学を専攻し、2018年にブレインパッド社に入社。画像認識・時系列予測を用いた案件に携わる。修士（工学）。

酒井裕企（さかい・ゆうき）

2018年、大学院では素粒子論を専攻し、学位取得後はデータサイエンティストとしてブレインパッド社に新卒入社、自社プロダクトにまつわるデータ分析案件に携わる。博士（理学）。

魏崇哲(うぇい・ちょんちぇあ)

2011年 オークランド大学大学院機械工学科修士課程修了。修士（機械工学）。卒業後、Foxconnに入社、ロボットの研究開発に携わる。2018年にブレインパッド社に入社、深層学習と強化学習による画像分析とゲームAI開発案件に携わる。

装丁・本文デザイン	大下 賢一郎
装丁写真	iStock / Getty Images Plus
DTP	株式会社シンクス
校正協力	佐藤弘文
検証協力	村上俊一
レビュー	武田守

現場で使える！ Python深層強化学習入門
強化学習と深層学習による探索と制御

2019年 8月7日　初版第1刷発行

著　者	伊藤多一（いとう・たいち）
	今津義充（いまづ・よしみつ）
	須藤広大（すどう・こうだい）
	仁ノ平将人（にのひら・まさと）
	川﨑悠介（かわさき・ゆうすけ）
	酒井裕企（さかい・ゆうき）
	魏崇哲（うえい・ちょんちぇあ）
発行人	佐々木幹夫
発行所	株式会社翔泳社（https://www.shoeisha.co.jp）
印刷・製本	株式会社ワコープラネット

©2019　Taichi Itoh, Yoshimitsu Imazu, Kodai Sudo, Masato Ninohira, Yusuke Kawasaki, Yuki Sakai, Chungche Wei

*本書は著作権法上の保護を受けています。本書の一部または全部について（ソフトウェアおよびプログラムを含む）、
　株式会社翔泳社から文書による許諾を得ずに、いかなる方法においても無断で複写、複製することは禁じられています。
*本書へのお問い合わせについては、ii ページに記載の内容をお読みください。
*落丁・乱丁はお取り替えいたします。03-5362-3705までご連絡ください。

ISBN978-4-7981-5992-8
Printed in Japan